别被Office干掉

DON'T GET KILLED BY YOUR OFFICE LIFE

崔晶 著

GUANGXI NORMAL UNIVERSITY PRESS
广西师范大学出版社
·桂林·

此书献给所有年轻人

热血沸腾的年轻人，

人老心不老的年轻人，

心老人不老的伪老人，

全世界懂得华文、在摸爬滚打中奋斗的年轻人

你被谁干掉？

世上没有完美的食物、没有完美的职业、就像人无完人。

考验真爱的标准是爱它的缺点。

爱一个人，在你决定娶她时，在她幸福地说“I DO”的时候，你就要接受她的全部，包括她的缺点，爱她的坏脾气、她的情绪化、她没化妆时惊人的样子、她没完没了的唠叨……

爱美食，就别犹豫，享受它的卡路里、享受它不干不净、享受它有时油腻、享受消化不良、享受胆固醇过高……

爱工作，就义无反顾……

不要设想能斩获多少大奖、不要幻想与一群俊男美女为伍、不要奢望老板很 nice，不要指望腰包多鼓，不要设想几年内能蹿到 CD 的位置稳拿高薪。

现实远没想象美好，你要以加班为乐，你要与性格很臭的搭档臭味相投，你要把上厕所的时间都用来想 idea，你要用 N+1 的奇思妙想来对付客户N种反复无常，你要花尽心思和老板的脑袋对路，你要不断更新自己的头脑库，以免被年轻当道的90后新想法、被日渐挑剔的客户、被喜新厌旧的老板淘汰……

准备好了吗？

假如有一天你在追梦的路上气喘吁吁，中途落跑，

记住，

你是被贪恋美好的爱无能干掉，

决非office！

目录

PART ONE

创意 O 背景

毕业前,就开战

进退广州

战斗大上海

4A 入职必读

取经的路上

PART TWO

PART ONE

创意 O 背景

人生第一个 SLOGAN：学前班，要上到长胡子！

似乎我从学前班开始就不适合“学习”，我是个不折不扣的“伪学习”分子，我的学习道路布满铁钉，每走一步都扎得我脚疼痛难忍，所以我干脆停步不前，酷爱降级。

于是我后知后觉太阳不照到屁股不起床，后知后觉迟到。用当时我妈的原话：“太阳升老高了，上班的上班了，上学的上学了，街上一个人没有，这时有个小不点背着很显眼的书包大摇大摆地才从家里走出来，就是你！”

由于我上课的时间只有半天，所以我要上两个学前班才能完成别人一个学前班的课程。我升级的唯一出路就是降级，我降级成瘾，当老爸生气对我吼：“学前班你到底要念到什么时候？”于是我叉起小腰发明了人生第一个 slogan：“学前班，我要上到长胡子！”

广告是为创意而生，这是广告的宿命。我是为创意、为文字而生，这是我的宿命。广告人是需要有个性的，而每个人性格的形成必然与家庭有关，与小时候的成长环境有关。这就是为什么一些音乐家的母亲就是著名的音乐家，明星的子女特别容易做明星。

当然，我是个例外，我和很多人都是极不特殊的例外。就像周星驰的老爸不是演员，周杰伦的老妈五音不全，刘翔的父亲不会飞栅栏。但，是什么使他们成为明星、歌手、飞人？相信一定与他们的天赋和小时候的成长有关系，因为人到18岁才开始发育就太晚了……

按理说我出身一个极普通的家庭，老爸、老妈都再普通不过。家境不穷不富过得去。唯一称得上特别的是，我们家犯了法，罚了款，我妈一生中做得最人道主义的事就是一生未堕胎，结果超生了：仨女仔。

真难为老妈，生孩子本来就够累，还要一下子照顾仨，力量当然不够。在当时独生子女崛起的时代，一家三个姑娘还真引人注目。和我妈熟悉的人都跟我妈开玩笑说："呀，可真会生啊，你家姑娘一个比一个有特色。"

特色就是漂亮的反义词。就算她们肤浅也好，从表面上看的确是这样，我们家姐妹一个比一个丑。老妈常叹气说："一个妈生出来的姑娘差距怎么这么大呢？"

老妈当然希望，我们姐仨个个都像大姐那样温柔、漂亮。但，问题是大姐出奇的漂亮，漂亮到让我怀疑是不是老妈亲生的。

为了让我们姐妹仨的相貌、性格的差异更加数字化、明朗化，如图所示：

指数	美貌	智力	忠诚/乖巧	创意
大姐	90	50	90	10—0(日渐减少有下降到 0 的走势)
我	60	90	30	90—70(不进则退)
小妹	50	60	90	40—80(潜力股)

如果我们仨变成一个人，就完美了，可惜完美不存在。

独生子女可以得到父母全部的宠爱，但我们仨只能将爸妈的爱平分三份。每个父母心中都有一架天平，老爸忙于工作，老妈以乖巧为计量标准，难免天平失衡。正如华山论剑，我们仨每人都拿出看家本领，让爸妈更宝贝自己。

为了在三姐妹中更引人注目，从小我就变出各种方法和父母斗，我和父母之间像你一拳我一拳反击的敌我关系。越觉得妈妈偏向，我就越倔强，妈妈越看不顺眼，我就越叛逆。

慢慢与父母拉开了“道不同不相为谋”的长久战。其中最特别、最有效的一次，就是小小年纪就写了人生第一本书。

——《报仇书》

内容：

××年XX日，今天早上没完成作业，妈妈出门踢我一脚，决定长大还妈妈100脚。

××年YY月，今天和同学打架，老师向妈妈告状，放学后，妈妈打我两下，害得我掉眼泪吃不下饭，决定长大罚妈妈一天不许吃饭，再还妈妈200下。

××年NN月，今天，妈妈让我洗澡我不从，妈妈把我拖出房门，长大后，决定一天让妈妈洗8次澡。

报仇书差不多记满了的时候，东窗事发。那一天，我出去和小朋友玩，回家时发现妈妈表情不大自然，而且眼角有哭过的痕迹，我赶快跑到房间，发现我书包被动过，一种不祥的预感……

不料，那天，妈妈对我格外殷勤，做了一大桌我爱吃的菜，害得那一大一小的姐妹都分外妒忌地说妈妈偏心。吃完饭，我横眉冷对地问老妈："你是不是翻我书包了？"当然，妈妈没有承认。但，从此妈妈很少对我体罚了，我想，最简单的原因是她肯定不想我长大对她体罚吧。哈……

TIPS：

成长在一个规矩家庭，大脑从小就在一个方方正正的盒子里成长，那么，他日后十有八九会选择做个规矩的老师、一个飞来飞去穿制服的空姐、一个开不得半点玩笑的医生、一个替人民出头的警察。这些职业要求一本正经，严格按规矩办事，但却很难和创意攀上亲戚。要他们想创意，正如要创意人搞学术，都会吃不消的。

结论：

创意与小时候的成长环境密切相关，有趣的经历会日渐形成不按常理出招的大脑。所以，从小我就知道创意是什么。创意就是和规矩对着干，创意没有章法，创意很淘气，创意就是别人让你朝东你偏向西。

文字，是女人的化妆品

一个女作家说过："会写作的女人不用打扮，男人喜欢会写作的女人。"

的确如此！再漂亮的女人看久了也就那么回事，不是因为女人的脸耐不住时间，而是始终如一，缺少变化，但，文字变化无穷。文字是种无声的沟通，能反映女人的心，能折射出女人的思想，让女人颠覆千年被主宰的历史，独立起来。

如果你擅长与文字交谈、擅与文字敞开心，就能心领神会。我深知文字带给我的好处。它是我的梦，它是和我心灵相通的朋友，听我诉说，让我与众不同。当然，它也让相貌平平的我，看起来漂亮，很有男生缘。

和文字结缘与小时候的成长相关，那时，我与家里人不太有沟通，大部分时间是自己待着。不爱写作业、没什么特别爱好、不喜欢和小朋友们扎堆、不爱看电视，所以闲下很多胡思乱想的时间。

每个女孩在十七八岁的时候都做过明星梦吧。那会儿我的明星梦特别强烈，总认为自己与众不同，整天幻想张艺谋选演员时能挑上我，没事就问我妈生我时有没有特别现象发生……想得越多，越觉得自己特有才，可惜没碰上伯乐，周围的人不理解我。

于是就把想象写成类似歌词、类似诗的东西。时间越长，积累得越多，到初中毕业时，梦想都写成整整一厚本了。

好东西需要现出来，需要有观众。于是，上课时灵感来了，我就拿出本本，没有条条框框限制，想起什么，写什么，下课，就给围成一圈的粉丝们念。当然，我的粉丝里不乏学习好的同学，她们说：我写出来的东西和他们的不一样，都是押韵的，她们写不出来。但，她们的作文可以得 90 分。而像那种长篇大论、满篇标点的作文，我晕。那时候的我，是一十足小愤青，痛恨主流语言，痛恨黑麻麻的标点，痛恨超过 500 字的作文。直到现在都是不通语法，乱用标点地写东西。

我不愧为十足的"三不好"学生，不好好学习，不好好上课，不好好完成作业。于是，我成了老师的眼中钉、心中刺，非除掉不可，被迫时常转学，我的粉丝也随之换了一拨儿又一拨儿。每转一次学，我都会灵感泉涌，而凑巧的是，我总是与班级最帅的男生相邻。相邻是一种方便，方便我的表现。的确，在那些个只会写作文的同学眼里，这种诗不叫诗、歌词不叫歌词的文体很特别。

原来表达一种思想，不用密密麻麻的作文纸，几行字也可以。没什么逻辑不逻辑，只要读起来好听，像一种情绪，就很拽。于是，我经常在读完那一整本"新诗"后，发现书桌里多了一些匿名小纸条。

让别人恋上你的脸，是浅浅的喜欢。让别人恋上你的心，则是深深的爱。

写作是女人的第二张脸，绝对！你不需要化妆，不需要动容，不需要费尽心机地表达，别人就可以从文字中读出你的气质。

TIPS：

每个创意人的成长都不是枯燥无味的，而童年中每个乐趣、每个淘气、每个爱好，都像是一个个小钱币，储存在记忆的储蓄罐里。把你脑袋里的情绪小波折、你暗恋的男生、暂时派不上用场的小发明，通通记下来。过不多久，你就会发现自己拥有一种异于常人的特异功能，你的想象力多得快要打架了，迫切需要一个个本本存起来。

结论：

化妆品是消费品，是化学成分，让你漂亮的同时，费时、费力、费金钱。写作是环保化妆品，让你漂亮的同时，赚钱、赚艳遇、赚气质。

PART ONE

毕业前，就开战

来吧，为你那聪明脑瓜安家！小心，这是一支广告！

如果，你是刚迈出校门的大学生；如果，你刚好学艺术或者爱好文学；如果，你刚好想找一份够 fashion 又能让你胡思乱想发泄的职业，那么，有 90%以上的可能，你会掉进“广告业”的陷阱。

注意：如果恰好符合如下本领，你就真的死定了！

1. 不学习，攻兴趣；

2. 爱幻想、爱捉弄人；

3. 敢写敢画，狂写狂画；

4. 不爱考试，爱看书。

坏学生无用武之地的嗜好都可能成为你日后创意的饭碗。所以，基本上可以给你颁个奖状：不学习的好学生，闻起来臭吃起来香的坏蛋，不懂艺术的愤青，不及格的知识分子。

你之所以沦为这样，是因为你是一百个庸人堆里才冒出一个“天才”的意外。广告愿打，你愿挨，你就从了吧！最后你还真得感谢广告！没有它，你这绝顶聪明的脑袋瓜，无处安家！

高中88，起飞，梦想

每个人的梦想都不是天生的，有人一心想考博士却只能高中毕业，有人一心想当宇航员却只能开三轮车，有人想当护士却当了电影明星，有人爱幻想却真做起了广告。

想当初，我还是个正儿八经的高中生，过够了不喜欢学习必须考试的日子；烦死了没一点血缘关系的老师像老妈一样啰唆；腻歪了想谈恋爱却不能明目张胆的未成年。挣脱缰绳就必须成为赛场的英雄，我不得不学着一辈子也用不上的代数，背着只能应付一个半小时的历史人物，拖着灌铅的沉重身体考试。

如果，人学习的目的，只为考试，那么我宁愿变成鸭子。

这段难咽的记忆，差点让我变成间歇性失忆症，多么不愿想起。学校教给我的东西，除了认字，大概所剩无几。就像挨打多了就会打架一样，正是在这样的盲目下，我渐渐学会用自己的方式反击。在学习中，我幻想一切与学习无关的事物，在学校里，幻想一切脱离学校的事物。思想的自由，让我感觉已经毕业。

时间在不切实际中过得飞快，我真的高中毕业了。并且，又一次反其道行之，将大学报考专业全部填了同学们、老师深受其害，却不知所以的广告专业。那时广告专业还是个新鲜专业，爆大冷门，我拿到大学广告系录取通知书时，真像天上掉下个大馅饼一样，同学们、老师都着实吃了一惊。他们满脸好奇又有点不屑地问我："广告学的是什么啊?"面对如此傻气的问题，我真想当头一棒：你们每个人为了上大学，报的什么化学微积分、生物科学……所有疑难杂学，你们都报尽了，对于每天听、见，害你们日夜着迷消费的广告却不知道是什么了！我嘻哼、嘻哼地对他们说："你们送礼就送——脑白金，喝的是27层净化——乐百氏，穿得是JUST DO IT—— NIKE，你们说，广告是什么?"

高中毕业喽，离爱唠叨的老师远了，离一起上下学的姐妹远了，离生我养我的爸妈远了，离梦想却近了……

如果大学时光倒流

也许，没弄清广告的人恰恰是我！“广告”这个名词你随便“百度”一下就有不下20种解释，在我看来通通是站着说话不嫌腰疼的废话。

哈，考上大学，就万事大吉了！这是大学生的普遍想法，因为大学对很多大学生来讲就像是一个答案：一个就业的答案，一个摆脱工人、农民身份的答案，一个即将一跃成为外企白领的答案，一个上下班拎着笔记本电脑坐拿高薪的答案，一个与外面小商贩划清界线，靠“脑袋”吃饭的答案。

但，就像是一道难解的数学题，光填上答案是得不到全分的。答案不是一个目的，答案之所以有趣、有意义，关键在于追寻答案的过程。

大学，从来就不是一个答案，而是一个过程。作为艺术生，广告专业貌似轻松、有趣，远离难解的高数、微积分，学一些看似艺术的东西如素描、水彩、摄影、文案策划等，但我真搞不懂学校这东西，看似有用的专业，一旦应用起来就变成了填空题。我必须背着书本学早已过时的“标准”答案，填写“广告”的定义，等待老师不假思索地画着一道道红红的对勾。

创意被框架了，正如贝多芬被枪指着脑袋弹钢琴，毕加索被捆绑手脚作画，很难有什么惊人的作品。

课堂，似乎让我离想要的答案越来越远了，于是我和许多人一样，在寻找答案的过程中受够了，迷失了。课上，看课外书，课外，我找自由。大学里，我用所有时间完成了广告外的叛逆。

大学，大事件：

和寝室里四个女人不务正业地乱弹琴，成立天津第一支女子乐队；

在校精灵剧社主演一出“不知名”的话剧；

烫了现在再无勇气烫的超级爆炸头；

弄丢一段友谊；

和一个老实人初恋。

大学时光里除了这些大事件，其他事情时至今日可以用“美好的无聊”来形容，美好是因为拥有大把年轻、张狂的漫漫时光，无聊是因为每天发愁如何把这些多得数不尽的“美好”时光消费精光。

就这样，大学时光在把“美好”变成“无聊”中，在遥遥无期的等待毕业中，被我奢侈地消耗掉了。这些时光，慵懒而无头绪，就像一个穿着一般且其貌不扬的路人扎在人堆里就找不着了，对于记忆可有可无。

终于盼到毕业那天，拍毕业照时，同学们的脸上写着很多和我相反的表情，对他们来讲，学校就像一个保护伞，今天是最后一天为他们提供天然保护。离开校园，就代表要独立面对社会，面对压力，面对赚钱，面对和恋人分手，面对回家就业还是留下，面对很多未知的残酷竞争。但，留在学校，难道他们甘心一辈子面对考试吗？

我可是一刻都不留恋，我知道接下来要干什么，当快门按下的一刹那，我近乎光速地“嗖”地一声逃出校园。

对大学的希望，就像孙悟空翻一个跟头，差了十万八千里。但，好在与其他模棱两可的专业比起来，广告明确地给我个目的。我所学专业是广告，显然，我毕业后肯定到广告公司找工作，将来肯定会成为广告人，而且是全中国最优秀的女广告人，这就是我要寻找的答案。

答案只有一种，过程千变万化，不可预估，不能重新来过。离开了乐队，离开了剧社，离开了男友，带走了梦想和书，就这样结束了不知好歹的大学。

TIPS：

虽然世上没有后悔药，但如果让我重新安排大学那么多白花花的时间，我会：

1. 每天读一本书，读各种书，读大量的书；

2. 把大量晒太阳的时间用来一边晒太阳一边学英语；

3. 写封可以拿奖的情书，向教我弹吉他的师兄表白；

4. 多写、多画；

5. 不会因为没天分放弃弹吉他。

如果，读了大量的书，我不用花费一年的时间恶补如何写广告内文。

如果，学好英文，我也许正在“W＋K”(中国创意人挤破头拼命想进，以创意著称的广告公司)的办公室和那个印度阿三胡侃。

如果，当时表白，我也许留在天津和那个很帅的师兄结婚。

如果，继续弹吉他，也许我们乐队不会解散，我会是个专业作词人。

如果，多写、多画，我可能不会由资深沦为菜鸟，现在忙着赚钱，没时间来写这本书。

结论：

无论是已毕业还是未毕业的你们

“时间像女人的乳沟，挤一挤总会有的”，缺什么补什么，学习是为机会作准备，学越多，机会越多，什么时候都不晚。

穷光蛋的勇气

20 岁时，可以说梦想。

30 岁时，也可以说梦想。

40 岁时，仍可以说梦想。

当然，如果你想，你可以一辈子嚷嚷梦想啊梦想。

但，只有梦没有想，只有想没有做，那还不如干脆炒作！

炒作就有实力，炒作不犯法，炒作助我为乐！

三四年前，“炒作”这个词绝非新鲜。但涉世未深的我，却拥有了拿着鸡毛当令箭的本领。此时此刻，你正置身于敌死我亡的战场，即便微不足道的武器，你都必须拿来壮胆。

在没成气候前，为自己先加个虚拟大秤砣。一个人无论进入哪一行，可以什么都不懂，都不会，就是不能没自信。而我恰恰是个超级自信狂，这无非是为我加上个又黑又猛的大秤砣，一下子让我的实力增强十倍。当然，我就是要相信，我有这个实力。

我的资本：

1. 不会不要紧，CD（创意总监，你叫他老大），就从不动手做东西；

2. 大学偷懒，我不会画画；

3. 小学、中学爱发呆，我几乎写不出超过八百字的作文。

广告创意要求的硬件我没一样擅长，我一下子做不了美术，做不了文案。而长久以来，我只会用发呆的时间幻想，写会押韵的诗，记下一个个有趣的小故事。而这和广告相通的，不正是不经意间闪动的渴望创意的思维吗？

我没有会画画和妙笔生花的笔杆子，但，我天生就有一颗想创意的脑袋。还有什么比这更实用的？于是，我在既不会画画，也不会写文章，在大多数人眼里一无是处的情况下拿起了笔。

因为，我知道多数人都靠眼睛来辨别事物，很少有人靠脑袋。我的特别，恰恰是这颗会幻想鸡蛋孵出鸭子的脑袋。

TIPS：

会说话，就会写文案。

好的文案不一定要文笔好，关键写东西要“着地”。

所谓“着地”，就是说人话，与虚无飘渺的假、大、空对着干。

只有小学文化的我老妈是个大文案，她用“火车起飞了”来形容火车速度快。

外表很潮的我小弟是大文案，他用“哎呀，刘德华来了”形容春运时人山人海的广州火车站。

路上的乞丐是大文案，他说：“仁者杀了我全家，请给我上功夫课的钱。”

《解脱》的词作者是大文案，那句“阳光替房间开了灯”，让人想唱忘不了。

这些人的职业跟广告无关，却说出令很多资深文案滴汗的猛话。

结论：

文案没有语法，文案不限职业，文案不在乎学历……

只要你越过语言华丽的障眼法，让它真实、单纯地着地狂奔，每个人都可以成为大文案。

听说，南方有一条河，长满了金子，流出的沙都是金沙……

你听过吗？我听过，

南方有一条河，长满了金子，流出的沙都是金沙……

但，河里藏着满满的食人鱼，守护金沙……

你听过吗？我没听过，

我只听见，南方有一条淘金河，就奔去了……

至于食人鱼，是另外一回事……

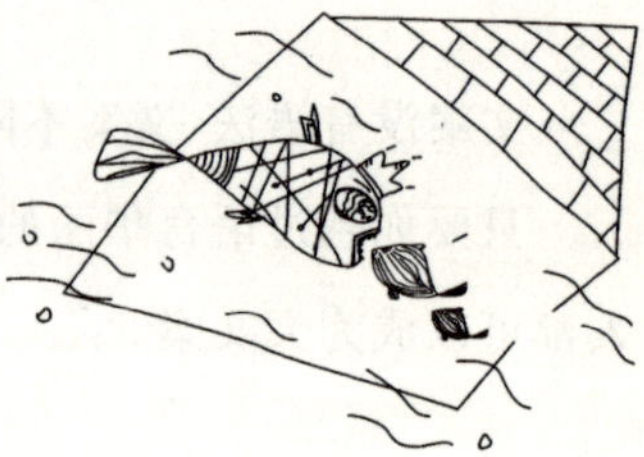

贪心是人生的第一桶金

迈出校门第一步："我不要做实习生！"

对于不敢冒险的人来讲，微小的成功都是一个奇迹。但，对于即将毕业，野心膨胀的年轻人来讲，只有成功才算正常。

大三暑假，其他同学回家的回家，旅游、玩耍得尽情尽兴的时候，我却选择了南下。天津与广州的距离，因为妹妹在广州的缘故变近了。记得上初中时最喜欢和妹妹一起看周星驰的电影，不仅因为它能把浑身笑料使完，让你一个半小时从头笑到尾，最重要的是，它讲的都是小人物的发家史。印象最深的是《上海滩赌圣》中的一个桥段。

丁力："为了答谢你，我满足你三个愿望。"

周星祖机智地回答："我的愿望就是再要三个愿望。"

丁力："哈，我有预感，将来你一定会成为上海滩叱咤风云的人物。"

周星祖："为什么？"

丁力："因为，你够贪心。"

贪心是成功的前提！我的企图很简单，只想利用暑假这一个多月的时间到广州那个传说中的前卫天堂见见世面、挣够来回路费、逛逛街买些新衣服，更重要的是赚些广告创意方面的经验。——贪心且目标明确。

这看似简单，在一个未毕业、毫无经验，时间紧任务急的"小聪明"身上却像是一个载满使命的大黑锅。因为我知道，"成名要趁早"；因为我知道，现在就是对未来的考验。

不同国家间有种族歧视，不同地区间有地方歧视。我的秘诀是不让人从外表认出你的外地身份。

改变思维很难，改变造型超简单。花一周时间，习惯广州的热天气、爱上广州的煲仔饭、逛遍北京路和状元坊（像北京的"动物园"，上海的"七浦路"一样，零售衣服，批发价），包管从打扮上让你一眼认出我是道地的广州靓妹。

花"大价钱"搞定的身价，最能派上用场的就是面试了。于是，我便开始马不停蹄找起工作来。我在妹妹这个广州通的指点下，买了人才报纸，将与广告文案相关的职业都用笔圈出来，然后剪下来，小心揣进口袋，方便日后问路。这招很土，却很灵，想在短期内找到工作绝对立竿见影。

当然，一定会碰到一些故意为难刚毕业大学生的狗屁问题。比如：招广告文案的广告公司都要求有两三年的工作经验及有相关作品。工作经验？相关作品？这简直是无赖种田，刚插秧就要吃米饭，要赖嘛。还没毕业，何谈经验，何谈作品？还好我有一点小聪明，知道所谓的"要求"都会因人而异。况且，我连开场白都准备好了：对，我就是那匹千里马。但，面试就像随机抽查的考试，没有固定答案，吃过几回闭门羹，流了几天的汗，伤了几回自尊，我终于摸出一些门路。

面试，通常会发问："哪个学校毕业的？说说你自己，看看你的作品。作品出街了吗？你愿意做实习生吗？有消息我们会通知你。"对于前两个问题，我的回答就像一场自由发挥的演讲，如果仅限于这两个问题，我相信我一定战无不胜。但，是考试，就一定会出状况，毕竟，无论是答题人还是出题人都有头脑发热的时候。所以，别让自己陷入没有作品的泥潭。

做足功课，不聪明，就擅用小聪明。于是，我像一个已经知道考题的学生，拿出大学广告文案课本，翻出那些经典的绝妙创意，先不要脸地抄下他们的固有格式：1. 标题；2. 内文，再天马行空地编几个有感觉的小故事，安上几个响当当的品牌名。这样，一个有半年到一年广告经验的毕业生作品出炉了。握着冒着热气，这几张作品沸腾的生命，我紧张地期待明天那几家考官残酷的打分，又镇静地对自己说：我有强烈预感，明天，一定行！

于是，我以"对，我就是千里马"的开场白，又以那几个当时看来稚嫩却充满想象的文案打动了考官，开始了我的第一份广告文案工作，也开始了第一轮的收获。

收获清单：

1.胡乱膨胀的自信：我不要做实习生；

2.知己知彼：用自己的天赋应对考题；

3.不离谱的谎言：谎言是衣装，能力是身材，好身材不会让衣服穿帮；

4.穷光蛋的勇气：什么都没有，所以什么也不怕。

天津，没有硝烟的战场

毕业将近，不管是学习好的优等生，还是学习不咋地的学生都开始急着找工作了，我更像热锅上的蚂蚁，急着要赚钱、找经验。当时完全不知道天津有什么好广告公司，于是像一只空有翅膀的苍蝇一样，不怕死地劈头乱撞。

几年前电脑还不普及，上网找工作更不像现在这么普遍，那时人才市场的人多得像过年挤火车一样。你必须在人挤人的人才市场拼命地挤，就只为递一纸单薄的简历。用麻袋装简历的景象，真令你打懵，你一下子变得不了解国情，是中国人口多，还是中国人才多？你一面担心，经他们随手一丢的简历石沉大海，一面必须保持手机 24 小时开机，连上厕所都怕错过那个机不可失的面试。那种悬空的心情无法言说，即便装作满脸的不在乎，也是不好过的。这是所有大学毕业生的心态，焦急、等待、等待、焦急……

TIPS：

毕业，真枪实弹地面对工作，你准备好了吗？

1. 考能力，不考成绩

以成绩论英雄的时代已经过去，至少在广告公司如此。越正常的人在广告公司眼中越不被记住。

我曾经和一个班里学习最好的同学同时去一家知名企业面试，因为这家企业名声在外，所以看起来像一位 superstar 一样，光鲜夺目。我和同学一样，还没进这家公司的门，就暗暗感慨这家公司华丽的外表，而她这个考场上的常胜将军，却在这次“实战”中，意外“阵亡”了。

我目睹，面试上机操作时，她手忙脚乱，像得了失忆症一样不认得键盘的模样……

2. 战场不认朋友

天津就那么几家广告公司，而同一时间应聘的就那么几拨儿人。天真无邪的好朋友牵手去同一家公司面试的事常有。但最可恶的不是众里挑一，而是二选一的尴尬。我曾和寝室最好的朋友，一块儿去面试同一公司，同一职位，紧紧牵着的手，因为同一战场，因为不是你死就是我活的竞争关系分开。我们不得不填同一张考卷，回答同一问题，在这一时刻，虽然没到成者为王、败者为寇般严重，但任谁都会全力以赴的。

战场上，没有微笑，没有记忆，互不相识。只是，今后再也不会同好朋友一起面试了，因为，如果我赢了，她就输了，输给好朋友，正如每天一起嘻哈、一起玩的好朋友，突然一天当上自己的领导，滋味不好受。

人生单单开场白就这样残酷，那么，今后的路……

3. 和平不需要士兵

暑假在广州那两个月的传奇工作经历，让我顺利地得到一份让同学们羡慕的薪水和环境悠闲的广告公司工作。也许是生不逢时，在风风火火干了三个月后，公司的业务就陷入停滞。于是，二十岁出头的我好像是一头小蛮牛，满身力气没处使，每天靠抽烟、看报纸、打电话、聊天打发时间……

安逸而学不到东西的生活，无聊的退休式生活，好！但决不适合我。失望的战场，更坚定了我想飞的决心，去南方那个冒着硝烟的战场。

结论：

养兵千日，用兵一时。只有工作，才是对毕业生最实际、最鲜猛的考题。

PART ONE

进退广州

繁华的寿命

和其他城市比起来，广州可是个花少钱、好办事的地方。一切复杂程序在它的管辖下都变得痛快起来。它更像是一个聪明的地主，毫不费力地开垦了一片宝地，然后出租。外来人在他的土地上，种树、种庄稼、做生意、富裕。

他经历了前所未有的兴盛时代，却也可看见它的未来。他渐渐变老，变旧，变得面目全非。外来人在他的土地上勤劳耕种的同时，也在忙碌地扔垃圾，抢劫。没有远见的地主，好像有所意识，却又为眼前的利益无动于衷，渐渐，更穷的人来抢夺，更富的人失望离开。几十年，几百年过后，看看郊外那些冒着黑烟生产廉价商品的垃圾厂和难以还原的灰色天空。

富裕，对它来讲，还有什么用？

幸运，是对勇者的奖励

如果你是天才，走到哪都是天才，如果你在天津是个抢手货，北京、广州、上海，甚至全世界，哪都一样。

初闯广州时，当然仅待过三个月的“处女广告公司”不值得一提，但不能让自己像一个空有热情的门外汉。信心和勇气让我幸运地接到第一家广州4A的面试电话。

广州4A——化妆品中的中国名牌如大宝、隆力奇；

国际4A——化妆品中的国际名牌如DIOR、资生堂。

广州4A现在听来不足为奇，但对于当时的我，一个没用过化妆品的穷学生，“大宝”就已经是来之不易的大牌了。非名牌大学生，没有体面工作经验，我的背景只有热情和梦想，每一个机会对我都像金子一样珍贵。

这次再来广州，摆脱没毕业的束缚，看淡了上一次的小获成功，心更踏实，信心也更大了。不出两周，我就兴致勃勃前往“×××”国际广告公司面试。那时我年轻又打扮入时，乍一看就像创意人，再加上一个小时的不深刻了解，就这样，那位获了很多奖的CD看中了我这个刚出茅庐的满腔热情。

刚毕业，就获得一份loco4A的职位，一份不错的薪水，一份能发挥创意的工作，那时阳光对我来讲，都是24小时的。但，麻烦很快上身，没经验就相当于一台空有外表的伪劣电脑，一插上电就全露馅了。尤其是在这样一间正规作业的广告公司，小聪明是派不上用场的。

“×××”广告公司，CD是artbase出身。文案，我几乎不知从何入手，就连现在看来微不足道的小小内文我也会憋很久。我没人带，不懂写，只有在吸烟室的走廊与同伴互倒苦水。正是在这种不甘领着薪水碌碌无为、狂盼自己脱颖而出的压力下，我居然写出天赋十足的广告语。

这是我在梦里想出的文案，但在当时我提出想法时，没有一个人重视。大到CD，小到资深文案，没有一个人站出来对我说出哪怕一丁点的鼓励话，我彻底失望了。我还年轻，但“×××公司”已经老了，于是我毅然辞职。

总结：

有人憎恨飞机稿，有人瞧不起飞机稿，那是从未吃过飞机稿甜头，吃不着葡萄说葡萄酸的装腔作势。他们知道，包括任何一个人都知道，一个好的idea不被执行出来就什么也不是！就像一个被称为天才，被看做伟大谁谁谁的接班人，本世纪最有天赋的谁谁谁，如果没被生出来，就连“人”都不配是。

谁能理解，我这份“难产”的心情？

跳槽就像找老公

国际 4A＝外籍人士 or 港澳台同胞拥有好外表、好家世、好教育、好前途，哪个女人不想嫁这样的老公；

国内知名广告公司＝有房、无车的本地人，也有很多女人喜欢和这样的有志青年一起打拼；

有名无实、有实无名的小广告公司＝无房、无车的外地人，这样的老公，你都没脸向亲戚、朋友介绍。

找工作就像是找老公。即便对方条件再好，再怎样一见钟情也很难预料真正相处会变成什么样，而多数情况都是互不了解仅凭介绍人的推荐(简历)认识，合得来就结婚生子，合不来就落下一拍两散的美好回忆。但找工作和找老公最大区别就是，很难有人一辈子只找一份工作，只待在一家公司。并且很多人越跳槽薪水职位越节节高，而很少有人靠改嫁名利双收的。

很多人都会对频频跳槽抱有怀疑，就像老公宁找丑老婆也不愿找个美貌的花心大萝卜。但，如果他喜欢你，却不问青红皂白只因为你频频换男朋友而不与你结合，这样的男人，这样的公司不要也罢。

跳槽是因为不适合，因为不适合而跳槽总比勉强在一起暗无天日来得英明。而每每辞职、跳槽总有这样那样的原因，只要她情你愿，跳槽将是终生不息的，尤其是广告这个换人如换血的新鲜行业。我不是鼓励跳槽，但也奉劝那些不合适还勉强在一起的人，累不累啊？不合适的老公会影响你的夫妻生活，不合适的公司会影响你的个人发展，就像不买东西排队凑热闹一样，瞎耽误工夫。

其实，跳槽也是种勇气，需要极大的自信。不敢跳槽的人多怕跳槽的风险。跳槽可以骑驴找马，也可以一对一。我个人比较倾向一对一。骑驴找马固然稳妥，但个性问题，我总认为这样不够坦诚。就像两个已经不爱的夫妻，为什么非得有了外遇再离婚？

工作是刚毕业大学生的安全感

每个人都有“痛脚”。对爱美的人可能是二两赘肉，对爱财的人可能是一分之差，对好色的人可能是一夜情，对感恩的人可能是一滴水，对工作狂可能是一个会议，对购物狂可能是一件衣服，对刚毕业的我，绝对是一份工作。

看似一帆风顺的我，也陷入过找工作的困境，有过广州4A的经历，竟再也不想随便找一家没名气的公司了。就像用过大宝皮肤就变娇气一样，再不想随便问津路边摊的便宜货。但，此时我面临的是十月份——找工作的低谷期。同样的公司，每天发几遍简历仍显得力不从心，我开始厌烦广州如此漫长的白天，我无心睡觉，无心看书，无心上网和同学聊天，更不敢上街。

广州街上每天都挤满了人，除了街上吆喝的小商小贩，我想象不出，光天化日，那些随大流晒足太阳的人，每天闲逛在街上干嘛？也猜不出他们是警察、小偷、抢劫犯还是什么身份。总之，我对年轻人非假日理所应当的定义是：坐在明晃晃的办公室，吹着空调，开着电脑，费着电……

没工作的日子，我不敢走在街上，我怕被淹没在人群中，我怕成为游手好闲中的一类。

闲，可能是在校大学生的职业，是退休工人的职业，是家庭主妇的职业，也可能是被有钱人包下二奶的职业。但，它和我却沾不上一点边的。闲，会让我焦虑不安，危机四伏，我像害怕艾滋病一样避讳它。但，在任何面试通知来之前，我只能慢慢地消耗度日如年的时间。工作是刚毕业大学生的安全感，我开始后悔我一时冲动辞职，开始放下姿态应聘一些听都没听过的广告公司……

也许，煎熬正是一种考验，我正准备卸下身上的自负备战时，机会又重新垂青于我。

TIPS：

找不到工作就当放大假！

1. 什么都不想，让脑袋清静一段；

2. 离开城市生活，吐吐大自然的空气；

3. 上网、看电视接受信息，防止落伍；

4. 总结以前的工作得失，避免下一次重做无头苍蝇；

5. 拟定接下来工作的计划，有备而战就是最好的开始。

结论：

水比金子珍贵，在沙漠里。

休息比赚钱重要，在伯乐失踪的日子里。

非4A不嫁

九色鹿和普通鹿的区别就是头顶多了一项光圈，第二封简历在多添一家本土4A×××公司文案这一光环后，让我轻松进入了本土最大的广告公司——“YYY”，当然水涨船高，薪水也涨了1/3。

跳槽一直都能让我尝到甜头，但只能传到舌尖的甜蜜是短暂的。

“YYY”广告公司是一个大国企，广告公司如果赋予国企成分，恐怕是个贬义词。当它的客户都是靠关系而非创意得来时，这对渴望创意而非养老的广告人来讲是个悲剧。更可悲的是，每年都有数千名高校毕业生被它高高在上的外表欺骗，挤破头进来，但在这里，想要立足，还要签下至少五年的卖身契。

再有才华的人，如果刚开始就误入歧途，那么，注定他开始就没创意，就像尽管IQ奇高，如果把他放进无人管的黑洞，日久也会变成白痴。

“YYY”广告公司，无非是个有好听名字的怪物机器。再满脑袋的新鲜创意也会被它生产成黑麻麻的印刷体。它内部复杂的人际关系，更让每个人都像带着假面具的怪胎。于是，下一个广告招聘高峰一来，我就迅速剪下与怪胎连接的脐带，彻底和这座官僚的大楼脱了关系。

离开“YYY”，让我彻底对一切带有本土字眼的广告公司失望。就像吃腻了山珍海味，听说龙肉不错一样。于是我想起了，以前一个资深文案对国际 4A 的描述……

远处有座很高很高的山，

想看日出，就要爬到很高很高的山顶，起很大的早！

好东西，就一定难得手，

追求一个漂亮女人肯定比普通女人费点劲；想挎名牌包就要抓紧赚钱；考上北大的代价是聪明脑袋和严重缺乏的睡眠。

想去顶尖的国际4A与结婚碰到的问题是一样的，你想嫁，别人未必想娶。

即便目标明确，对方不点头，你也无法一个人谈恋爱的。

为什么恋上4A?

我坦白，我交待，对于国际4A，刚开始我也并不是很了解，只是因为它响亮的头衔和广告网对它的大肆渲染，我昏了头。想进有名的广告公司，只是虚荣，就像女人天生想嫁漂亮又有内涵的老公一样。但，真的得知最近哪家国际4A得什么奖，有什么成功的广告片来自他们的创意，就觉得名声这个词也太肤浅了。

广告对我来讲，不是一个职业，而是一个事业。我迫切地想和一群工作上讲创意、生活中论兄弟的人，做出一些好广告，横扫一片奖，成一点名，这才是每个人想进4A的目的吧。

很幸运，又一次因为简历，我收到“SS”(广州最具盛名国际4A)、广告界赫赫有名的大人物“A”的面试来电。果然，名不虚传，他通知我面试，让我带的内容也与众不同，他要看看我平常写的东西。我very very very兴奋，别说能进“SS”，单单一个“SS”的电话也并不是谁都能得到的，于是我提着满脑袋幻想欣然面试。

这一次面试，足足有两小时，虽然还是没能进“SS”，但当时我就像一块严重缺水的海绵，那两个小时的吸取量，重给我注入了生机。他先是粗略地看了下我存在U盘里的文档，任凭我怎样解释，他眼中也没有闪烁丝毫的兴奋。于是，他眼皮都不抬地说，你写的东西无非是一些排比句，你的作品是一些满街都是的行货，这就是你要表达的全部吗？看到他脸上分明写着“浪费时间”且咄咄逼人的强势表情。我突然拿出了在×××公司未执行的全球通文案，捍卫自己尊严一样委屈地辩驳：“我觉得好的东西没人认可，难道‘SS’也盛行随大流吗？”也许是我激动的语气，也许是这个文案，把本应该到达尾声的面试延长了。略加解释，他便满意地点头，说出一句至今支持我一定要进“SS”的理由：“写得很好，很特别，这样写下去会出名，相信你是‘SS’的人。”

也许这只是一句鼓励年轻人的台词，却十足让我激动了很久，好像不被世人理解的人突然找到了志同道合的朋友。但，随后他又补充，要进“SS”非常不易，没有实力，都不可能被他唤进这扇门。他的人如同语气一样嚣张，我却认为这是他的特质。

这次面试，让我受益匪浅的是，他爱才惜才的大将风范，为了鼓励我进“SS”，他给我讲了一个他用过的最赞文案的事例：“他是我用过最酷的文案，他不仅很会写，也很会想创意，这个前提是他看过很多书和很多创意集，这种积累最起码保证你说的idea不是过时的，不是别人想过的。只有这样的人，在‘SS’才会做得轻松。”

说罢，他略加遗憾地补充：“你很有潜力，但现在还不够！”他没有像其他拿不定主意的CD拐弯抹角地拒绝我，但却又留有余地说：“我给你两个月时间，如果你拿出说服我用你的东西，我就给你机会。”没想到，他这简简单单的一句话，却成了我一年努力的目标。我知道，频繁跳级会闪到腰，要想成为他口中赞不绝口的文案，就要拥有让人叫绝的功力。创意对我而言像年轻一样长在身上，但基本功绝不是一朝一夕能练就的。之后，我用了一年的时间磨练“笔力”。

一年后，就进“SS”！我对自己承诺。

创意集中营

找工作，简历为我立下了汗马功劳，但这次进日本广告公司，却被简历害惨了。为啥？因为创意部不招女的。X的，什么年代了还性别歧视，"意识形态广告公司"还不是靠许小姐撑门面。带着不服气不妥协的大无畏精神，我亲自递简历上门，于是"DT"（日本最大的广告公司）创意部第一次有了女人味……

刚进"DT"，我就马上陷入有创意没文笔的尴尬。退一步想，我其实无可骄傲，无论成为一个好art还是一个好writer，都要有过硬的基本功。扯远一点讲，就像没有锦，不会画龙，谈何锦上添花，画龙点睛？

我可以是不会画的art或者不会写的writer，但正像多数人在行说话而不会画画一样，我深深地知道，在这个处处强调视觉的年代，你就是忘不了那风靡一时的一两句话。

用功是最好的仙丹，像印度文案一样，擅写长文案

知道弱点之后，我便开始练习写文章，我知道迟早有一天我会擅写长文案，像印度文案一样。于是，我由刚开始三五行的零思路，不知如何下手，到后来通篇黑体字。开始时的苦闷可想而知，不能和男朋友逛街，不能超过半小时发呆，不能吃长长的晚饭，唯一让自己必做的就是每天写一篇至少四百字的短文。这和我以前擅长的韵脚诗不一样，通篇都要连贯，还要有一定的逻辑性。逻辑，哪怕仅占1%也必定存于创意之中，否则就像完全变质的奶，不能喝。

于是我听从ACD的话，在思路未成形前，放弃边看电脑边打字的习惯。我把要写的故事主题、段落层次都想清楚，在一张白纸上打草稿。果然，进步飞快，想法有了，思路清楚，电脑只是我快速敲字的工具。以前停留在电脑前不知如何的时间全部转移到脑袋里。将脑袋里想的不管三七二十一通通倒出来，然后理清重点，一篇起码别人也能读得懂的小短文诞生了。运气好或有灵感时，还会迸出一两个好标题和特别的句式。于是，我暗自庆幸，再不用为两三行的内文而憋上几个钟，相反可以一口气写出几种不同方式的内文描述，而那个最不逻辑、最有趣的便是首选。

但，你以为成功了？不，如果成功那么容易，人人都当CD了。在真正的成功到来之前，还是继续努力吧，每天照样来一篇心情小记，只是会更喜欢写了。

标题，短短的几个字，最容易也最难

你写一个标题还是两个标题？

十句标题一个意思还是十句十个意思？

简单还是生涩？夸张还是比喻？平常字还是平常心？是不是避免雷同？

你发明了一个新句式？村上春树式？奥格威式？许舜英式？还是小崔式？

大专以上都能懂？专业人士都能懂？小年轻能读懂？还是连小孩子都点头？

歇后语放行？谜语可行？潮流用语通行？成语坚决不行！

好标题，就是有让你触觉、听觉、味觉，连心都统统动起来的感觉。

做到心中有画

任何人都可以想象，任何人都可以作文，任何人都有脑袋，但，为什么你能成为一个创意人？因为你有一颗想创意的心。

不会画，就将想象描述出来。不会画，就勾个尽管是四不像的大体帮助记忆。不会画，就找出相应的画面组合。总之，千万别让不会画的无奈慢慢退化掉你想画面的能力。

讨好你的 CD

听着，这不是什么丢人的献媚技巧，而是让你小树免折腰的方法。

A. 不懂，就主动学，三至五年内你都是菜鸟；

B. 把老板下的每一道命令都当圣旨；

C. 老板来之前不算迟到，老板走之后不算早退；

D. 不能对老板说的话，也不能对同事说；

E. 创意不被嘲笑的前提是阅“创意”无数，确保创意鲜猛，不从众，不过时。

“义气”怎样写？

“义气”这个词写起来容易，做起来就不是一个举动、一句话，一朝一夕能练就的。

“DT”是我第一个待满一年的广告公司，也是第一个真正学到东西的公司，当然也是第一个充分地享受到浓浓义气滋味的公司。

公司义气

国际公司，即便再怎么落魄也不会太小气。尽管我去的那一年营业额让人大跌眼镜，尽管公司裁了近一半的人，尽管两个 title 最大的台湾总监都被迫回老家，尽管我们要把一整层写字楼租一半给别人，尽管我们一年都在靠比稿度日，但到年底，公司还是给保住饭碗的人，照发了双薪。

老板义气

天哥，是当时面试我的人，当人事部一再强调创意部最好不要女的，是他决定用了我。天哥今年 50 多岁了，做了 20 多年汽车的广告，单单把他的名字亮出来，也能镇住那些日本人。他在中国台湾、日本、中国香港待过很多家4A，和几乎所有有名的创意人都共过事，天哥如是说。与其说天哥创意出众，不如说他情义出众。他从来没有亏待过创意部的弟兄。

天哥有个习惯，就是养鱼，每天为鱼换水的时候，必然会经过我们身旁，每每停下，就大则说一个小时，小则说十分钟。而每每出自他口中的话都那么耳熟，也许是他十天前说过，也许是昨天改良后说过，哈，每当这个时候，我们都忍不住打哈欠，借口有事逃开了。天哥虽然人爱唠叨，但在brand storming时，总是给我们机会说创意，而且还提前在会议室为我们摆满最新上市的饮料。

天哥有个嗜好就是买彩票，他几乎每天都在纸上画来画去，研究彩票的中奖几率，他常常说，如果他能一下子中五百万，他就马上回台湾和老婆、儿子团聚。天哥也常给我们大家买彩票，在彩票的背面写着：号码是一样的，要赢大家一起赢。

天哥和我有个秘密，爷爷生病期间，我写个假条让天哥签字，天哥痛快地签完，让我去会议室一下。他跟我谈了一些公司状况，说我表现得不错，而另一个文案由于表现不佳可能要被裁掉。我的工资不高，他可以和人事提一下……但意外的是，他从兜里掏出一叠百元大钞塞到我手里对我说："你爷爷病了，你家远，这是回去的机票钱，这件事，出去屋子就是秘密。"从屋子里走出，我忐忑不安，我只是公司一个小兵，哪有元帅贿赂小兵的，想来想去，除了他人义气外，我想不出他塞给我钱的另外的理由。

天哥人仗义绝不是表面功夫，在公司最危机时，他甚至主动辞职，为公司减轻负担。

天哥回台湾时，我送给天哥一份礼物，是出产于浙江的一个古典烟灰缸，上面放上一帖小纸条：你可以把它当成艺术品，修饰品，废品，就是别当用品。吸烟有害健康，保重身体，因为我们在等你杀回来。

写到这，有些想天哥了。因为，我再难碰到像他那么人情味的老板了。后来听说，天哥去福州一家日系广告公司工作了，也许，一辈子都难见到他了，但如果这本书能完成，我最想把书送给他。

哥们义气

如果你的搭档人品超正，不张扬，单身，就把他发展成你的好哥们吧！

阿伟是我的搭档，他是个沉默寡言的人。相对其他广告人，似乎他没那么大的野心，但，他的工作态度就和他的人品一样，实实在在。他就像一个永远准时的时钟，无论加班多晚，他也不会钻迟到的空子。有一天，我十点到公司发现他没来，还以为公司休息，后来才知道，原来他请假了。好人有好报，年底公司还真为他颁了个“黄牛”奖。

他做过什么了不起的伟大事让我感动，我还真忘了。只是记得，每次我不愿意干的事，他都肯帮我打理，不开心的时候，他都站在我身后。听起来有点暖昧吧。但我们却是千真万确的好同事，好哥们。他虽然生活在物欲横流的现代，却仍坚持着那淳朴的20世纪五六十年代思想。虽然他有时老实得有点刻板，但却像长相奇特的古董老爷车，品质一流，值得珍藏。

我想说的是，广告这行，在公司比在家待的时间长，看搭档比看男朋友的时间长，为了看得顺眼，让日子好过一点，哥们儿，这个词不错。

记忆这玩意

“芝麻开门”，那是童话，现实生活是不会给不认识的人开门的。不是4A的人进不了4A的门，4A对于那些一直在本土广告公司工作的人来讲是个神话，是个可望不可即的地方。因为，很多人靠关系进4A。4A像是一个由4A公司人网罗起来的严严实实的圈子，外面的人很难进4A，4A的人也不愿出去，尽管他们频繁地从一个4A坑跳到另一个4A坑。

就像阿迪达斯的广告语“没有不可能”、李宁的广告语“一切皆有可能”、耐克的广告语“想做就做”，说的都是一个意思，就是事上无难事。求人不如求己，只要找到进4A的敲门砖，只要把它想象成“狗屁”，一切就简单多了。

一年下来在“DT”的总结，更像是我进军国际4A的开始。痛快的一年风风雨雨过后，我更坚定了进“SS”的承诺。

但，两个小时面试，只是一年时间的1/4000，时隔一年，那位大人物还能记得我吗？我只是一个每天练枪法的小兵，他却早已是威名传四方的神枪手了。我每天勤练基本功时，他正在神气地指挥战场。一个是兵，一个是将，两个不同身份的人，脑细胞完全不一样。对我来讲，两个小时的面试，意义重大，像老爸严厉的嘱咐一样每天激励我成长，而对于他可能只是一场心血来潮的即兴演讲，早已在每天疲惫的睡眠中遗忘。

现在看起来清晰多了，能设身处地拿我们的地位开涮，客观想想，在当今这个信息爆炸的年代，忘记一个人是很容易的。毕竟，脑袋的空间有限，新东西搬进，旧东西便被排挤出去。

有句话讲得好：你认为自己是什么，就是什么！我就认为那史无前例的两小时给他留下了高清印象，我把自己当做他的储备人才，有一天，定会在战场上冲锋陷阵。

简历敲门砖

人，要想引人注目

别人站立，你跳踢踏舞，别人跳舞，你站着。

简历，要想引人注目

别人有的，你不要废话，与众不同的，要重上加重。

简历的下落？

如果你迟迟接不到面试通知，先别急着埋怨不争气的简历，发挥想象猜猜备受凌辱的简历的下场。也许被用来垫七上八下的桌底，也许被当成胡乱创意的草纸，也许被叠成纸飞机飞来飞去，也许光荣地成为垃圾筒里的一份子……

简历不是人，它不会反抗，不想让这些设想成真，那就快点准备一份摆脱宿命的简历吧！

（金狮子：戛纳广告节创意最高奖项，广告界的至高荣誉，相当于电影界的奥斯卡。）

> 您金狮子到期了，是时候取来用！
>
> 小崔金狮子录：
>
> 主意多了，也会打架。
>
> 这时我脑中的 idea 就会挤进一场无规则，无秩序，可用任何招术，越要赖越受追捧的混战。
>
> 画面不论残忍、荒谬、血腥与否。
>
> 旁白不受 sex、语种限制。
>
> 只要是够鲜、够陌生、够生猛都有料入围我的“金狮子”。
>
> 妹子、同事、网友、卖保险的通通是裁判，也许还有一两句挥之不去骂人的鬼话。

这是一封对人不对事的简历。让我满怀信心的同时，却迟迟没有答复。就像煞费心思穿着精心设计的小礼服仍没引起注意一样，一周后我不死心地追加一封邮件。

“不做文案”这份简历，被当做我的成长素描，再一次打不死地钻进“A”的邮箱，也意外地开启了我的另一扇窗。

广州 VS 上海

那时年轻，心高气傲，自作多情地幻想自己是天才。我的目标是4A，但广州像样的4A就那么两家，进了“SS”，就像嫁了漂亮、多金的老公，无论最后谁抛弃谁，再改嫁眼光肯定高到头顶，谁也看不上，最后落个孤独终老的下场。而上海则大不同。大上海代表大世面，十多个4A等你选择，个个重量级，就算轮流跳遍也至少保住十年饭碗。

广州生活

广州是个生活的好地方，广州人虽然永远说着难懂的广东话，我却因为从小看港片、听粤语，已经把广州偶像化了。它容纳百川，无论你是哪里人，穿着什么杂牌的衣服，它永远对你面带微笑。在这里，你感觉不到人在异乡。在这里，四季都保持充足的日照，让你在冬季也不觉得冷冰冰。

吃——

这里的美食物美价廉，吃麻辣川菜的时候你会误以为到了重庆，吃东北菜时，你会不小心被一大盘一大盘的实在吃撑，吃本地早茶时，你会和周围的老人、小孩，或某全家人一起慢腾腾地享受充实的上午时光。

穿——

这里最多的不是牌子，而是大大小小的全国知名服装批发市场。带上几张百元大钞就会让你从头到脚备足这一季的服装。这里的时尚跟着香港走，休闲中有点不羁。这里最多的就是选择，你可以百变风格，便宜的状元坊、北京路、上下九、流行前线都是你变身时尚的圣地。

住——

人分三六九等，房子和房价也是。这里政府控制得好，房子性价比高，没什么原始积累的，几千块钱月薪，奋斗几年也可以有自己的房子。租房子，乱的地方便宜而危险。除非你是刚来广州打工的贫穷单身汉，否则坚决建议住小区。因为你极有可能与小偷作邻居，有一天回家，落个被洗劫一空的境地。

行——

打车，7 块加 1 元燃油费。钞票单薄的你，绕城一圈，也底气十足。

公车，空调车 2 元，只是和其他城市比多了几倍丢手机、钱包的危险。

如上所述广州的一千个好处，也抵不上一个致命的坏处。广州最让人胆战心惊的是治安太乱。你无时无刻不担心周围的不安分因素，你不是担心被偷，就是担心被抢，一百个安全措施都比不上一个万一。你每天都会听见周围的同事、朋友议论谁被抢了，谁被偷了。上街不敢带包，不敢戴项链的人比比皆是。每个人都恨不得把金项链、金戒指等一切值钱的东西放在银行保险箱。想想因为带一只结婚戒指而被劫匪砍掉手指的确不值。

在这种高速发达的城市，金钱只能靠买房、买车或放在银行里保平安放大，还有嘛意义？

上海生活

吃——

上海人气最旺的美食一天到晚都在排队。也不管真的、假的，只要排队或满满腾腾一屋子人的地方，上海人都会不管三七二十一地拼命凑热闹。还有个笑话：一群上海人逛街，看到前方队伍排着长龙，于是便以为又是哪个特火的饭店，凑近才发现原来是一群人排队上厕所。

上海餐饮，只要味道不算太差，开一家火一家。但，真正最有特色，让我连续吃上一个星期的，还属上海的“生煎”和“小笼”，热乎乎，油汪汪，小心翼翼地在上面咬一个洞，慢慢地将里面的汤水吸进口中，再慢嚼细咽里面嫩滑的馅，倒也算上海最平民的美食。

穿——

在上海人会不由自主变成购物狂。一到周末、打折时间，商场就爆满了人，仿佛全城女人都顷刻出洞了。

在上海，女人 shopping 的地盘，也像人结交朋友一样势利，按收入划分清楚。白金女人逛恒隆广场，白银女人逛太平洋、百盛，没有任何收入、title 的人就逛“七浦路”。

上海是最擅长以貌取人的城市，但，切记穿衣、打扮不是怕遭白眼，是因为每天我们都要对镜子说：“Yeah!”

住——

上海的生活水平和纽约相差甚远，但上海的房价却可以和纽约相提并论。就像刚出生的婴儿长了个成人脑袋一样，这是多么畸形啊。

上海离谱的房价，响应了国家提倡的“晚婚、晚育”制，推后现代人的结婚时间，甚至改变了他们的结婚对象。房价逼迫，待娶、未嫁的剩男女们面临一个个现实的选择题：a. 有房不爱的人、没房深爱的人；b. 养得起孩子供不起房子、供得起房子养不起孩子。

上海人可以四世同堂住在四五十平方的老房子里，和邻居共用厨房和卫生间。外地人可以人手一张单人床的空间，数着梦想，一天，一天。无论对上海人，还是外地人，房价都成了他们肩上最沉重的负担。想得开，就靠租房度日，吃喝玩乐、谈恋爱两不误。想不开的就为背房贷、找老婆而凑合吃喝。

在上海，除了赚钱、奋斗，找不出其他活法。写到这，我有点同情苦命却洋洋得意的上海人，却不知不觉沦为其中一员。

行——

的士：11 块钱起步价，打秒器转动的速度像被做手脚一样快得离谱。不能报销，就别打的。

公车：慢、挤、乱和其他城市无异。

总结：

在对比广州的混乱与上海的安全、广州的市井与上海的国际化、广州 4A 的稀疏与上海 4A 的密集后，野心让我留下来，闯一闯当年许文强的上海滩。

没爱情的人，如同没创意的广告

唐玄宗心中的江山是杨贵妃，张爱玲笔下的倾城之恋是胡兰成。记忆不像历史书只记载大事迹，最难忽略的是爱情。

回到四年前

似乎和能量守恒一样是个定律，很多恋爱的大学生一定会因为毕业分开。当然，我也想过，但瞧他紧握我手的力度，暂且我还脱不开。我们是一个广告班的。只是工作时，我选做文案，他选择设计。毕业前，我们第一次合作的平面广告还获了个小奖。那也是我第一次正儿八经地写文案，给了我极大自信。同学们认为我们是天造之合。他长得不出众，但183公分，腿长、肩宽的模特身材，穿什么衣服都好看。

在他追我时，与其说我爱上他的人，更确切地说是因为眼神离不开他那两条大长腿。我挑剔人，更挑剔腿。在我看来，模特也没有几个比他的腿好看。说得我跟色女似的，但相处下来，更让我着迷的是他和我在广告方面的相似。对我的一些奇奇怪怪的想法他不像常人那样睁大眼睛瞠目结舌，而是欣赏并给予意见。我们是恋人更是知己。我以为我们会一直这样走下去……

毕业后，我们离开天津一起去广州为我们的广告梦想打拼。我找工作异乎寻常的顺利却成了他的障碍，每次我都为自己的成功欢呼雀跃，却忽略了他的失落。

我太过沉迷于自己的世界，却忘了，在我最失落难过不被理解时，他鼓励我说："你能行，你会成为许舜英。"在我一而再辞职却不得不面临经济压力时，他说："想辞就辞吧，别勉强自己，我就是晚上给别人刷盘子也养你。"在我脑袋混乱想不出 idea 时，是他弹醒了我的脑瓜："想不出，别硬想，走，出去遛遛。"在他无数次这样细心的支持下，我可以毫无拘束地释放小白羊的威力，勇敢向前冲。

当我越干越起劲时，他却面临接连几个月的失业。我的虚荣心开始作祟，不敢向别人介绍有个失业的男朋友。我开始嫌他落伍的 idea。我开始不愿太早回家，怕面对他那张抬不起头的脸。我开始催促他快点找工作……

我其实已经忘了那是因工作引起的不快，或者我根本就不愿再揭起那块伤疤，我害怕，那段回忆让我埋怨自己的自私。于是，我们的争吵越来越多，交流的机会越来越少。虽然他还是那样包容我，谦让我，我却越来越嫌弃他啰唆。我认为男人不应该经常待在家，而后，他果然很少在家了，就连晚上也带一身烟味回家……对于他晚上不回家的理由我半信半疑，也懒于过问。只是我更清楚自己的感觉了，我们走得越来越远……

他很爱很爱我，我知道。但，这种爱对我却是种束缚。我们分手了，在他没工作最需要我支持的时候，在他不需要我，只顾沉迷于网络游戏的时候，我彻底地失望了。

分手后两个月，快过春节时接到他的电话："我要离开广州了，临走时想见你一面。"见面时，看见他消瘦得只剩下骨头，我一下就扑上去。他说要去北京发展，要回家过年，问我的意见。我知道，他在等待我的挽留，我知道，只要我说一句"我需要你"，他一定会毫不犹豫留下来。

但，他离开了，在我们闹分手无数次后，真正离开了。现在想想，当时那个看似轻松的决定，就像留下个无法医好的后遗症，每天都在作痛。但那时，我还不了解自己，我太在乎自己的得失，我认为承受不了那份重重的负担，感觉很累，答案是我不够爱他。

他对我的爱除了留给我的记忆，是任何方式都不能概括的。我带给他的伤害也是。

记得，他最喜欢的创意总监叫薛震添(4A 著名 CD)，原因很简单，不是他创意多强，而是因为他是兼顾事业和家庭的好男人。其中，最令他感动的片段是：薛震添当初是个很有名的插画师，但有一天他想改行做广告，却因为没有任何一个广告公司肯录用他而在家失业一年。一年后，他在老婆支持、鼓励下，事业终于如日中天。

他最想做的人，是像薛震添一样，无论工作多忙，都要接老婆下班、孩子放学回家。

人生就像一口井一样，没有坚持就变成了一个土坑。我和他之间的问题不是因为他没成为薛震添，我不是薛震添的老婆。而是因为，那时，我们还年轻。

扎根很深的爱，更像是一种血缘，谁都无法横下心来与亲人断绝来往吧。现在，我和他还保持联系，但我们的话题都很小心，很少谈及感情，因为想起他对我的好，我会忍不住哭。

我永远记得那次，他喝醉了打电话说：“我现在最后悔的就是，在天津没给你买那个 260 块钱的衣服。”

我想不起来地问：“哪件？”

他说：“就那件蓝的，你穿很好看的。”

我才想起来，那时还在读大学，我们一块儿逛商场时，看中了一件衣服，我明明穿上很显气质，他的头却像上满电池的摆钟一样，摇摇摆摆。我纳闷半天，看标签才知道，260 块钱相当于半个月生活费。女孩总希望男朋友送礼物给自己，之后一个星期，我都闷闷不乐，老惦记那件衣服。一个月后，他揣够了钱要带我买那件蓝色衣服时，那件衣服却卖没了。当时，我因为这件事抱怨他好久。

从此以后，我的所有要求他都尽量满足我。他唯一欠我的就是那件蓝色的衣服，而我欠他的却是永远无法偿还的感情。

总结：

渴望轰轰烈烈恋爱的善男子、善女子：

没有哪个爱情一开始就是满的，就像一江春水，是靠点滴雨水年、月、日攒起来的。

没爱情的人，如同没创意的广告，这一点，别等灵感枯竭时才知道……

文字是怎样炼成的?

对生活:如果生活没有禁锢你,就是你禁锢生活

对爱情:懂得爱人,才会被爱

对性:有爱的享受,不要伪装的呻吟

对好朋友:最可惜的是,朋友不是行李想带走就带走

对喜欢的:想占有

对不喜欢的:马上丢掉

对坏脾气:像吸烟一样,伤害自己,伤害别人

对体重:别人说你太瘦,但你仍认为该小的地方要更小

对钱财:人人都为之奋斗的身外之物

对奢侈品:不能当饭吃的无聊东东

对内心:就算不关注风景,也要让心去旅行

对文字:传达思想的工具,而不是赖以生存的饭碗

PART ONE

战斗大上海

纽约是情欲都市,上海是物欲都市。

对从未来过上海的姑娘来讲,你突然站在淮海路的中央,一定是最土的姑娘。对从未来过上海的小伙子来讲,你突然站在新天地的中央,一定是最傻的愣头青。即便是土生土长自以为是的上海人,如果每月不花大价钱搜罗一番,他们也是不敢在川流不息的马路中央停站。因为,每天经过的无数明星、模特、"金丝雀",还有一嘴洋文的老外,无论谁都可以毫不费力地让他们浓妆艳抹死要面子的自尊靠边站。

这就是上海!虚荣、浮躁、攀比。时刻做作地装出好看样子的名门闺秀,富不过她,当不了她的朋友。文不过她,不能和她交谈。美不过她,会遭她白眼。时尚不过她,让她笑掉大牙。她就是要高高在上,喜欢你所不能拥有的一切。不幸爱上她的外表,就要忍受她的一切,为她背房贷、为她当车夫、为她一天一样的外表买单。她却从来只会用名门闺秀的名头挺直腰板,从不正视你一眼。你越是善良地包容她,宠爱她,她越端起大小姐的架子离你若近若远,直到有一天,失望让你一下子离她而去时,她则一下子如同老了一百岁的怨妇,手足无措。

上海就如同这个名门闺秀,当爱他的人通通离她而去,就只剩下徒有虚表的空壳。

上海失宠

如果明天不是世界末日，只要还喘气，就要拿出勇气。

在历经许多个风光时代的上海滩，还用广州那套老办法可是吃不开的，应聘也不例外。人生地不熟，还异想天开两个星期搞定一个4A公司的工作，就更难了。傻乎乎的我，还照搬在广州找工作旗开得胜的经验，边上网发简历、边打印作品邮递给每一个知名CD。

结果，我再一次收到一个让我惊喜的面试电话。面试我的恰恰就是当红的广告创意明星。他以年轻、帅、有型、多产出名，当然他的缺点是英文不OK，这都是我从近期《意》杂志连连对他的采访里得知的。

在幻想能与这样的创意人合作时，我脑筋与身体都不由地兴奋起来。但，见面时，我几乎被他的气势震慑成僵硬状，他本人的打扮比登在《意》杂志上的照片更酷。口中却像被插入一个巨大的牙签，他将脸部线条与眼神格外地绷紧以免让任何不严肃的表情露馅。于是整个面试就在牙签的举止下飞快地结束，仿佛双方都是马上要开会或急着约会似的企图马上离开。匆匆忙忙的结果是，他当场表示不能用我。好心且神速地指出我的不足。我不会提案，概念不强，这都是我被马上拒绝的理由。如同喂完蜜枣再给一巴掌的难受，让我立刻警觉上海是广州几十倍的残酷。

我是非常在意别人评论的人。有人说我头型不好，我立刻就会想法换；说我穿衣服太成熟，我非得添一个带机器猫图案的球衫；说我似乎可以尝试取下挡在面前的镜片，我还真就敢把单眼皮立刻亮出来。于是，他那两句听起来的所谓指点，像魔咒一样反复盘旋在我脑袋上空“不会提案、概念不强”！天啊，我的第二春来了。如果说，在广州练习基本功是我的第一个春天，那么，来上海学习提案能力和增强概念，毫无疑问成为我的第二春。这时的我，像一个无比的巨人一下子沦为侏儒一样，备受打击却不断寻求心灵安慰。

侏儒也有长高的梦想，因为我是菜鸟，所以气不死、打不瘪。菜鸟最大的本领就是用阿Q精神给自己打气！

这次面试的失败就像一种不祥预兆，把所有的幸运牢牢挡在外面。我像一个被上帝雪藏的过气红星，顷刻间，无论是4A还是不知名的小公司都与我断绝了联系。

在上海当无业游民的我极其恐慌，虽然不必为每天的饭与房租发愁，但青春却是按捺不住的。要么铁锤落地咣当一响，再不然就好坏来几个蜜糖后的耳光，现代发明的E-mail把发出的简历都变得有去无回真让我发疯。而此时，我能怪谁？怪他们有眼不识金镶玉？怪我惹那个大人物注目的简历不够出彩？怪现代通讯不够发达？怪这个让我摸不着头脑的上海？要怪就怪这个他妈的倒霉三月！

没工作的三月，像时间停止一样漫长。足足等了一世纪，阳光终于搂着四月显露头角。这时的我已俭朴得像挨过大饿的农民，把每个微不足道的机会都当成活命的米粒。

LOCO公司的摸爬滚打

小时候，老师常问同学们，

“你选择去大城市靠拼搏过一种挑战的生活还是安于现状呆在小城市过一种富裕生活？”

现在答案由我亲自上演，

选择一个城市，就选择一种生活。

选择在大上海吃十五块钱一碗的清汤面，就不能惦记广州十五块的一菜一汤。

选择不可以回头，就像一夫一妻制，毕竟再怎么贪心的我们都无法分身。

人，天生就喜欢挑战，否则也不会无聊地发明一些跳水、攀岩、马拉松那样的极限运动。

前进！是我向逆境的宣言！

想在上海落脚，就先找个工作落脚！工作，可以跟你说话，可以让你不变成黄脸婆，可以交些乱侃的朋友，可以不被每天变化的世界落下。

不进则退！一个多月没工作的日子让我发慌，我正像一个每天闷在家里不愁吃穿的黄脸婆，迫切需要一份跟我说话的工作。于是，我几乎自断了挑剔的筋，四月第一轮面试后，我就准备上班了，尽管这是在广州不会正眼瞄的小公司。

不可否认，我心有不甘。这份 loco 公司的工作似乎与我来上海的初衷不符，但想想那些在国内赚着高薪却一心想出国的人，一开始不都是靠为别人端盘子而生活嘛！应聘这家公司虽然过于匆忙，但也绝对是掂量过的。

1. 公司虽小，但五脏俱全；

2. 和老板投眼缘；

3. 没 CD，有独立提案机会；

4. 公司不大，但大老板名气大，搞不好哪天有出头之日；

5. 宁做鸡头不做凤尾，一台高配置的新电脑就是鸡头的标志。

寻他人的优点，找自己的不足。他因此而变伟大，你因此而满足。这是菜鸟心理安慰的良方，下边跟我一起做菜鸟的瑜珈式呼吸法，鼻吸、鼻呼，吸气，吐气，吸气，吐气，放松你的身体、放松你的脑袋、放松你的压力、感觉你的每个神经都在放轻松。正如你一心想吃意大利顶级大餐，手里的钱却只够买烤红薯时，你就想，现在只想吃红薯。这样心态平和，工作也会顺风顺水。

创意有多大，阻力就有多大。

刚来公司几天，摸不清公司状况，但环境却非常吸引我。尤其是我那靠窗口的位置，每天都能享受充足的光合作用。

心情大好，创意也是停不住的。我像不被束缚的野马，狂傲释放本领。“时间紧，任务急，要有创意”，客户部又像催命鬼一样下达任务。我急于表现的长文案，光芒四射地向周围人证明自己的实力。就像大胆尝试总被质疑，平庸总能心安理得被接受。果不其然，问题排队而来，客户部的 AE 认为文案有创意但太过张扬，担心客户不买账，与我合作的美指怕长文案掩盖画面……

小公司最怕出问题，就像小船经受不起风浪。此时的他们太习惯安逸，就像我安逸每天清晨照在我背后的阳光。但，如果广告公司没有创意，正如人不会思考，如此退化，让我有说不出的失望……

机会挡不住，创意我作主。

老板不在，没人拍板，此刻，我再一次审视 brief，没错！创意方向没错，我完全有胆拿我的文案叫板。最终一字未改，他们就拿着我的创意，满脑袋不安去提案了。我屏住呼吸等待他们提案后的判决。意料中的意外，老板回来脸上的皱纹堆成菊花合不拢嘴地笑着对我说：“昨天出差回来，提案内容还没认真看，结果就被苛刻的客户表扬得莫名奇妙。后来才发现是因为那段精彩的长文案。”说罢还用他那营养过剩的手掌重重地

拍一下我的肩膀以示鼓励说:"客户很满意,说文案写得好,句句都说到他们心坎里了。"

就像靠一部戏出名的红星,这个长文案也让我在公司迅速蹿红。老板对我刮目相看,新进来的客户从策略开始就让我尽量参与。从此,忙碌是对我的最大报酬,我乐此不疲又暗自叫苦。这就是 loco 公司的矛盾,一方面把一个人当 N 人用,一方面放大你的价值。

于是,在人手不够的 loco 公司,我超女般地透支能力,从新品的研发、命名、广告语,一个都不能少地让客户彻底满意。

总结:

广告就像胸罩的发明,大胆,解放!

不是客户没品位,是保守的我们把他们培养得平庸了。

我们把客户设定成农村来的保姆,给她穿过时的衣服,她怎么能时尚呢?

相反,我们把她想成大明星,给她穿名家的设计,她又会土到哪去呢?

好的创意就像漂亮衣服,人人都喜欢,但,如果你心里就局限地把最漂亮的排除了,那么,别人眼里最没品位的就是你。

光盘遇刺事件

常常听说一些人为了上位会干出一些不光明磊落的事情，但，无论如何也没料到十几个人的小公司，三四个人的客户部，搞出的办公室斗争如此拙劣。

为了理清思路，先介绍一下客户部的人员状况。客户部共三人，两个 AE(客服人员)，一个 AM(客户经理)。但八仙过海各显神通，由于 AM 在专业上处于弱势，两个 AE 都纷纷想抢风头、上位。

A——职位 AE

刚进公司，人小矮胖，表面心地善良的热心肠，其实心机很重。

B——职位 AE

公司元老，办事能力强，心高气傲，深得老板喜爱。

C——职位 AM

人比较憨厚，刚进公司，备受排挤，AM 地位岌岌可危。

这一天，火山爆发了……

C 闯进老板办公室告状，说她准备的一些提案资料存在光盘里，不知道被谁全部划坏了。一共两次，第一次她没吭声，第二次这个人得寸进尺。这件事闹得沸沸扬扬，全公司都知道了。但老板认为家丑不可外扬，怕事情闹大，决定息事宁人。

C、A 与我的关系都比较不错。C 私下里跟我说，她怀疑是 A 干的，因为 A 离她的座位最近，平时 C 做什么，A 都看在眼里，每天 A 最晚下班，她最有做案的动机和时间。但可能侦探片看多了，我固执地坚信不是A,她不会这么蠢做这么明显的事情,可能是B干的。

为什么我怀疑是B? 因为A经常对我说一些B不服C的话。因为,那时看不惯B在老板面前拿腔拿调,心高气傲,心理上我投了B的反对票,轻信了A。

但,事实证明,划光盘的人正是A! 近一年多的时间,我傻傻地被A骗,笨笨地为A辩护,义气地为A得罪人。知道真相后,我没有与A对抗,没有和A大吵一架,也不会猜测与她一年的友谊存在多少真假,我只是想安静地离开,连一声拜拜也不用说。

TIPS:

善良、爱打抱不平的人,最容易被利用而卷入是非中。所以,当你用未发育全的智慧看世界时,请保持沉默。总有一天,会真相大白。相信,邪不胜正。

结论:

公司小不代表单纯,但为了保持创意的单纯,创意人需远离是非,保留那片净土。

风风火火后的失落

在loco公司扮演的角色一次次变换，我越来越不知道自己是创意、策略还是客户。无论在公司担当什么要职，却离单纯的创意越来越远。我不断提醒自己来上海的初衷，又不断安慰自己人生本来就难以估计。我一次次担当创意的主角，想创意、提案，和导演沟通、监片，什么都是第一次。兴奋又不知所措，但第一次，是机会也是冒险。就像第一次表演危险动作的杂技，把握不好就会变成笑柄。

提案险情：

本来已经反复练习无数次的提案脚本，到现场时，硬是紧张、忘词、出汗，只能小声嘀咕出那映射在高清显示屏上的字句。好在每每都有大老板的名号撑腰，有老板慈祥的面子鼓气，有客户善意的笑容，我就这样不得不每一次都被推到舞台中央，兴奋地挣扎。渐渐，我像想飞快长大的孩子，为了想立刻得到大人的认可，穿着比年龄大一码的成熟衣服，戴着知性的许舜英眼镜，说着不急不慢的话，站在太早属于我的舞台。最后只落个夹生的感觉，难以下咽。

谁说旁观者清？工作就像恋爱，不试不会总结。

LOCO好在哪？

1. loco公司生意难做、客户少、人少，导致工作也轻松。所以只要工作在工作单标明的时间完成，余下的时间都是你的。你可以利用一切公司资源做私人的事情，24小时的免费电话、24小时的免费上网、24小时开机的电脑。

2. 创意你最大

创意部只有你一个文案。你开始成为核心，就像能发光发热的太阳，顷刻无数个小行星围你转。但，当然，独特的思想，是成为小太阳的条件。

3. 提案之星

没有CD，你就是提案之星。就像在四人乐队中挑一个主唱，打鼓的不能唱，贝斯五音不全，主音是公鸭嗓，只剩节奏吉他，即便天赋最差，节奏感最不灵，也必须站出来唱。因为你担当的角色就是主唱。所以，一旦客户有拍广告片的计划，你心情就像一半电闪一半晴空又紧张又兴奋。兴奋是因为又有创意可以忙碌，紧张是因为密密麻麻的会议上将有二十几张嘴巴和眼睛同时张开，盯着你的一举一动。

4. 概念不请自来

没有人帮你理清思路时，你就必须主动。策略和创意之间如果没有衔接口，就会让你窒息。千头万绪的创意像进了古罗马的战场，没日没夜地打架，让你不知如何。策略也像搞大女人肚子的臭男人，不知躲到哪不肯认账。但，在摸爬滚打无数，你惊奇发现，你终于找到这个陷在深深泥土里的黄金大饼。别急，只是一角，你要凭借自己的力量拼命地拉、拽、扯，这时，电脑、MP4、PSP，这些令你一时痴迷的先进工具帮不上你一点忙。

这块深藏的黄金就是概念，没有一定功力挖不出来，谁要是挖出它，谁就不会走弯路，谁要是拥有它，谁的创意马上变伟大。

LOCO 哪些坏？

1. 没有老大

没有老大，冒着老大的风险拿着菜鸟的薪水；没有老大，没人批评，也没人指点；没有老大，你像要燃尽的烛灯，只点灯，不加油；没有老大，眼睛、耳朵、鼻子、嘴巴，所有好学的小机灵都可以睡觉了。

2. 圈子太小，与世隔绝

公司的门一关，就关上与外界相通的大门。没有最新 ONE-SHOW、坎城（广告节）的获奖消息，没有广告界大佬的最新动向，没有哪家 4A 最近招人的消息。这本是一家广告公司，却冻结了一切关于广告的信息。

3. 迟到按秒罚钱

工资少影响不了心情，迟到按秒罚钱就太不人性了。在上海生活样样需要钱，公司想办法样样扣你的工资。盼星星盼月亮的发薪日，本来一沓鲜红的人民币一不留神就变成眼前的绿、灰、黑、蓝……

4. 菜鸟窝

山中无老虎，猴子称霸王。这是他们眼里的我，我眼中的他们。刚毕业的新人都自以为是，无形中，这里便成了野鸡蛋放在麻雀窝里养的菜鸟窝，个个不能抱窝下蛋却都叽叽喳喳的。

5. 客户成皇帝，AE 是太监

AE 下的命令就是圣旨，小 AE 限制的时间就是最后限期。客户就是皇帝，但问题是 AE 何时成太监了？

总结：

离开 loco 公司的原因不仅因为“光碟遇刺事件”让我心凉、合眼缘的老板突然转行、两个美指合不上我的拍……关键是年轻的野心得不到扩充，很孤独。

没错！我是菜鸟，但菜鸟翅膀没长硬就养老还太早！菜鸟，也需要翻一倍薪水 shopping，菜鸟也想找个好巢做个领子不白的“白领”，菜鸟也想和“武艺高超”的老大学东西，也想做些上得了台面的创意丰满作品集。

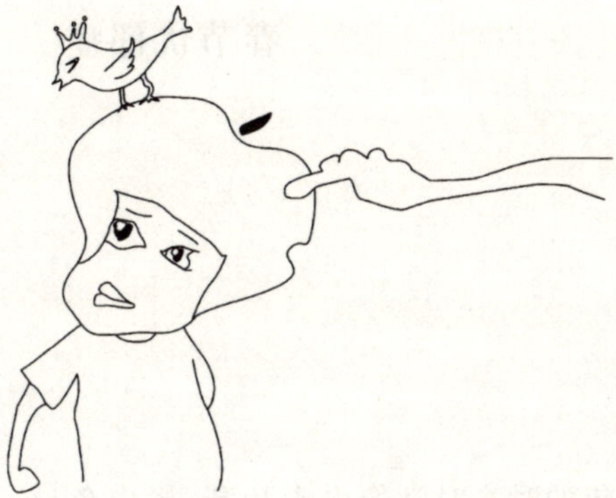

小鸟飞回南方问："你不回家过年，在干嘛？"

我："在思考。"

蚂蚁搬年货问："你不回家，一个人干嘛？"

我："在思考。"

放着春节晚会的电视问："你一个人，不回家，也不看我，在干嘛？"

我："在思考。"

过年了，还在假正经，无非患了忧郁症。

春节忧郁症

一年的时光时常像电影片断，黑白色地一格格在我脑中倒流，我清楚地迷糊一回。我有时间了解哪有好玩的酒吧，哪里卖便宜又好看的衣服，哪里的皮靴价值不菲好看得要命，哪里的水煮鱼地道得让人流口水，哪家咖啡店的拿铁最够味……有时间在了解上海浮华的同时迷失，却没花时间看更多的书、好奇更多的新鲜、写更多想写的故事……

就像一心想找梁朝伟当老公，却嫁给了曾志伟，理想和现实差了一大截。我判自己罪名成立，我决定和自己死磕，在热闹的春节，独自冷清。

上海的春节，寂静得让你分不清白天黑夜。全城人好像一下子全部失踪，而除了亲人以外的朋友都是靠不住的，他们会像平时和你要好的朋友一样听到你开口借钱便无影无踪，这更像是上海的另一个冷漠缩影。

这样的上海，这样的春节，只有你一个人真实存在。房子、车子都不是你的，只有你一个人。老婆、孩子都不是你的，只有你一个人。橱窗内的漂亮衣服都不是你的，只有你一个人。里里外外都是你一个人，走到哪里都是你一个人……真真切切。

一个人的春节，我每天都失眠，我每天几乎二十四小时闭不上眼，我怕合上眼睛的黑夜，怕第二天还是这样的空虚一片，我像患有恐高症的业余演员，冒着走钢丝的危险。

一个人的春节，在别人团聚的时候，我正冲自己头上倒一盆冷水，脑袋全部被得失灌满，想着未完成的简历，想着悬着的工作，想着遥遥无期的爱情……

一个人的春节，尽管跌在悬崖下，和父母讲电话还要模拟中彩票般的雀跃……一个人的春节，死都不要再过一次，除非你跟我一样患了忧郁症。

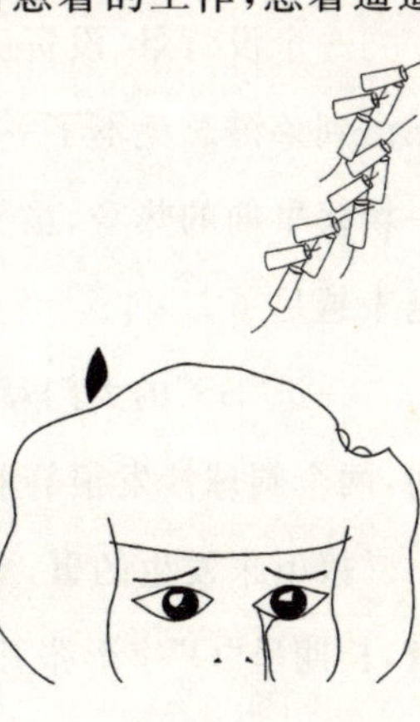

4A 香饽饽

如果受够了小公司，就到大公司去活起来！

春节独处的时间，让我更看清自己。这段时间为自己量身订做符合 CD 们 insight 的图、文、声并茂的多媒体简历，“火箭”出炉。我兴奋地将它快递给上海所有国际 4A 的创意总监，这一次，没令我失望。两周内我接到 BBDO、电扬、麦肯、LB、“SS”的面试电话。

一个没背景、没资历的人想挤进 4A，如同灰姑娘要嫁进豪门，从家谱到菜谱总免不了一场唇枪舌剑的拷问……连续三家 4A 的面试像一场盛事前的热身，虽然相谈并不甚欢，我的信心却像吹饱气的气球，越来越足了。

一进“SS”的大门就像看到小叮当的笑脸一样，很欢喜。前台很亲切，两个圆球沙发很舒服，一切都生动地像张开双臂迎接我一样……

接下来发生的事，更让我相信周星驰电影中的一幕：因为太过兴奋，长期呈“O”字形张开嘴巴的事确有存在。不知道是地球太小了，还是“SS”太小了，这次面试官又是“A”。没等我从吃惊中回过神，远处一个系头巾穿马靴的人，满身武士范儿的人，朝我走来。

哇，我今天真该去买彩票，这是中头奖的几率呀。但，此时我必须按捺住自己的兴奋。因为我知道，我和他之间就如大象见蚂蚁。大象认识的都是老虎、狮子等重量级人物，怎么可能记得一只黑溜溜的小东西呢……来不及有过多疑虑，我的 PPT 作品集就像一次自我推销的精彩提案，最后，以他拍掌叫好作为结束。这一次，我知道，我赢了！

连复试都不用，就像舞蹈家接到一个舞会邀请函，顺其自然，满心期待。

在获得“SS”的 offer 后，又陆续接到 JWT、FCB、奥美的电话。而上海最“NB”的 4A 知名 CD 也温柔地对我说：“请问是大文案吗?”就像提前为一个菜鸟颁发终身成就奖，一直令我骄傲＋难忘。

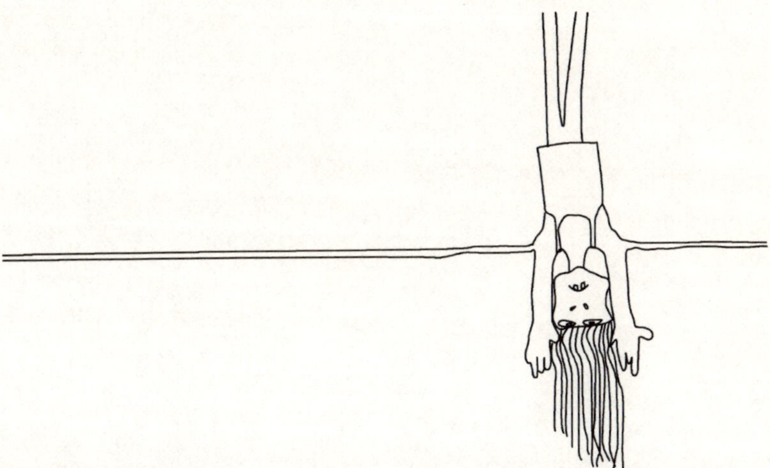

简历每次都送给我个大奇迹。记得在一个专门介绍 4A 内部信息的网站上曾有一篇教新手进 4A 的文章，具体内容记不清，但只能记住

一个字"难"。为了让广大的广告草根不至于那么灰心，此网站还煞费苦心地举了一个"出位，就会有奇迹"的例子：一个从广州来上海找工作的朋友，人生地不熟，做了一份不错的简历，两个月期间，奇迹地收到四家 4A 的面试电话。

哇，如果这算个奇迹的话，1、2、3、4、5、6、7、8，我就 double 奇迹了。

总结：

简历领进门，修行在个人。

出奇的简历也许让你尝到甜头，就像长相美丽的女子很容易让别人一见钟情。但，真正把你变成他老婆的，就靠你的内涵了。

PART ONE

4A 入职必读

勇敢“第一次”

坦白讲，这是我第一次加入纯正血统的4A。

人，总是对“第一次”特别敏感，初恋、初吻、初夜……“第一次”总让人感觉新奇、兴奋。但不知从什么时候，人们开始瞧不起“第一次”。这归咎于开放过分的现代，“第一次”，这个原本非常美好的期待值，在人们心中一下子沦为贬义。

“第一次”代表愣头青，“第一次”代表没经验，“第一次”代表没能力，“第一次”就是菜鸟。

人们甚至拒绝第一次，拒绝0工作经验的毕业生，4A拒绝没4A经验的创意人，但，习惯以“过来人”自居的他们，忘了谁都曾有过珍贵的第一次，难道就因为提早进了几天4A的门，眼睛就移植到脑门上，不拿正眼瞧人？

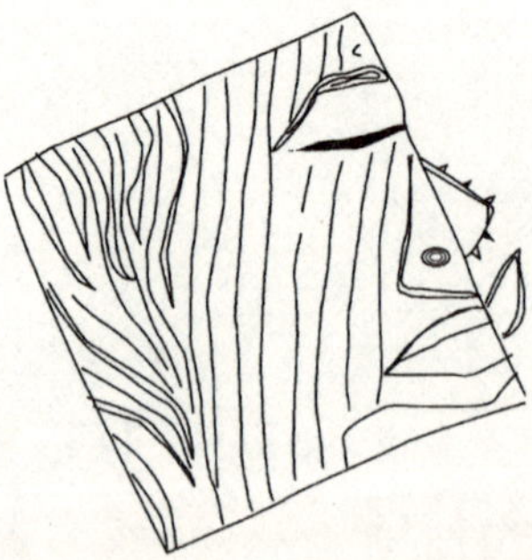

显然，我很幸运，找到一把打开4A的钥匙，但也会因为“第一次”对4A不熟门熟路紧张万分。

上班第一天，我们这个新成立的小组人马配备齐全，“A”召集归他管的新、老两个team一起吃中饭，方便互相认识一下。

我们这个新team，果然以“新”著称，新CD、新搭档、新art、新老板。两个team即便围在一张桌子吃饭的时候，仍然感觉兵分两路，介绍自己时，老team要么对过口供，要么太有默契，每个人都是上海人，每个人都爱打游戏，每个人都有一些让人刮目的洋嗜好，什么骑马、射击、曲棍球、滑雪。哇，不仅样样难度系数高、选场地的费用也蛮高的。上海压根不下雪，想要满足爱好还要跑到东北滑雪？

管它靠不靠谱，饭桌上的话说完就算，起码代表品位不俗。轮到新team，轮到我介绍自己时，明明说中文但感觉每吐一个字都像在说不在行的英文，小心地注意发音。我不是上海人、不愿承认没进过4A、没什么调得起别人情绪特“high”的爱好。我拿什么来介绍自己？结果，一桌子菜，我根本忘记动筷，心思完全集中在自我斗争中，紧张、怕生甚至有点自卑……

这种怯场用今天的话讲叫低调，说白了就是不自信。第一次代表陌生、不熟悉，所以，每个人通常多多少少都有些放不开。但，心态要放平。别太在乎别人的想法，不要为自己设立“假想敌”，不要在乎别人怎么看你。别人高傲、美、丑、有无能力，都是别人的事。不要存在比较心，比别人穿得逊，就会猜想在别人眼中没品。比别人身材差，就会猜想在别人眼中蠢。比别人学历低，就会猜想在别人眼中没素质。没别人会玩，就会猜想在别人眼中没创意。

你假想别人怎么看你，其实就是你怎么看自己。不要拿自己太当回事，人的精力有限，不会去关注太多事情，你会关心路人的高、矮、胖、瘦，是否营养不良吗？同样，非亲非故，别人也不会太在意你……

面对无数个“第一次”紧张，都是心中那个“自我”惹的祸。第一次给男生写情书紧张，是因为怕对方不接受，自己没面子。第一次和男生做爱紧张，是因为怕自己不性感，对方不喜欢。第一次工作紧张，是因为没经验怕老板对自己失望。第一次坐飞机紧张，是因为不知道如何登机、如何找座位、如何解开安全带。

其实不必怕别人嘲笑你“第一次”的无知，不知者不罪，既然你手中握有“第一次”这张免死牌。所以，闭着眼睛冲吧，管他呢，反正死不了。

TIPS：

时至今日，尽管我还是那样菜，却学会了我很“拽”的气势。

1. 第一次面对陌生环境：要“目中无人”，周围的人就是空气，就是一些家具、空椅子。对空气讲话，总不会怕吧。

2. 第一次提案：把在坐的客户、领导当成粉丝、当成不懂事的小朋友、当成再没缘份见第二次的路人、当成耳朵暂时失聪的同事。这么好糊弄，这么大的舞台，好好表演吧。

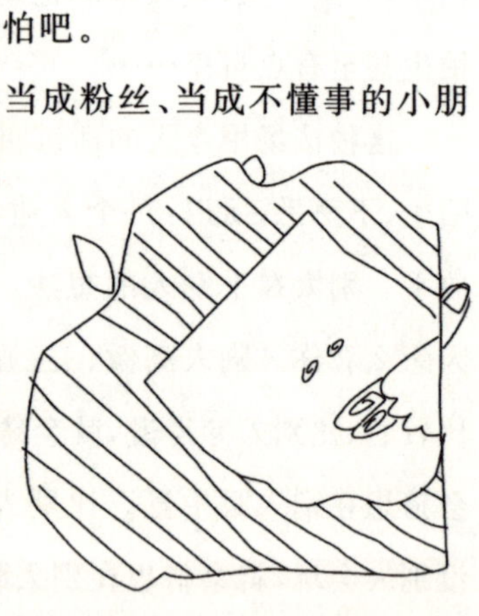

3. 第一次和新同事、新老板吃饭：当成一次老同学聚会，一次好朋友聚餐，一次家庭便餐。大家都这么熟了，就尽情

三八吧。

总结：

不要为自己设下假想敌，4A 没有陌生人！

服装减龄术

4A里面的人远没你想象的潮，但也没你想象的俗。从loco转变为4A相当于一种升级，思维的升级，衣服的升级、品位的升级。进4A的第一天，我就决定扩充衣橱。

我的衣服虽然不落伍，可与4A年轻、活跃、张扬、设计感的着装风格有点格格不入。我当然不愿在我身上用“土”这个词。但，确实有点。也许在原来的loco广告公司闷得太久的缘故，也许是来上海一年还没完全融入，或是我的审美神经暂时失灵。第一天上班就为当天穿的黑色小套装懊悔，因为这套衣服，我差别被新来的同事误认为是CD。

CD这个title用来形容女人，某种程度就是老的代言。我倒！哇，在公司兜了一天，回家照照镜子才发现原来是镜子里一板一眼的黑色令我面目可憎。

购物！购物！盲目地购物！在没有找到自己的风格前，我被定为知性。数一数被定义成知性的名女子们：知性主持人鲁豫、知性创意人许舜英、知性作家李欣频、知性歌手刘若英，哪个不是快接近四十岁的人了？

知性？我和这个尊称差太远了吧。我赶快慌张地摘掉眼镜，让人看清我眼睛没皱纹；赶快改变衣架上衣服的庄严色，让暗尘远离我；鞋架上的高跟鞋地位也不保，以最快的速度被球鞋替代；帽衫在这段时间内成为我的最爱。几个月的不懈努力，几个月的月光，几个月的被误为 CD，几个月时尚杂志的培训，终于还了我 27 岁的清白。

TIPS：

1. 购物只带来几个小时、几天的快感，更多时间的负罪感；
2. 和同事一起购物，你会由预算内的一件衣服变成买一堆衣服；
3. 同事说好看的衣服，不一定适合你；
4. 形成一种超强的自我风格，商场的大部分衣服都不适合你；

5.不要去商场！如果你只想付衣服的钱而不是分摊店租和税的话；

6.如果一件T恤超过400块，那么你选择卡爆，还是一周睡不着觉？

7.学一点混搭吧，这样衣服看上去多一些；

8.早一点明白，再贵的衣服，也很难挨过这一季；

9.如果你第一次花1000多块买一条牛仔裤，一定有第二次、第三次、第N次；

10.买衣服不是买衣领，没人看你衣领内的牌子，所以人不必为logo买衣服；

11.装嫩必备：一件背带裤、卡通T恤、小吊带、小角裤、小短裙；

12.如果你真的爱服装，就千万不要学穿店里的搭配；

13.如果你背LV包包，人家会鄙视你没创意，这是现代人的仇富心理；

14.定期做运动、尽量吃素，好看的衣服是按好身材的尺寸做的；

15.攀比的最大赢家不是你也不是她，是商家；

16.老板不会因为你穿一件漂亮衣服做错事而不骂你；

17.风格是最好的穿衣经。

4A 是老大们的秩序

多数人想进外资公司，是因为要见世面、镀金，而不是生根发芽，就跟多数人想出国的心态一样。

4A 特产一：流程是老大

时间：下午 5:00

当你无所事事闲了一天 or 累了一天刚空出工夫沏杯茶，准备再混一个小时准时下班，这时客户部突然闯进来说有个工作很急要下 brief，那算他是新人，他倒霉，一大群创意部的"大哥大"、"大姐大"突然团结起来向他开骂："你丫你丫新来的吧，不懂规矩吧，现在几点了知道吗？你通知 traffic 了吗？"新来的 AE 吓得落跑，还被 traffic 狠狠地 K 了一顿。

traffic 是 4A 负责流程的，就像公路上的交通管制，公路面前人人平等，甭管你是开奔驰还

是开宝马，碰到红灯照样停！要说公路秩序好要感谢交警，广告公司秩序好还得感谢流程！

都说4A专业，除了一流创意人马、一流创意、一流工作环境、一流资源，还跟一流秩序脱不了关系。

4A特产二：读书会

在4A工作最大的好处是开眼界，与偶像级CD合作最大的益处是他能打开你的新视野。

CD是copybase出身，为了鼓舞公司文案士气，他号令公司上下所有文案每人每周读一本书，此书题材不限，但越怪、越奇、越好玩越好。文绉绉的散文就不必了，人人都知道的过时书也不要浪费时间了。于是，大家个个蚂蚁上树，无论私事忙也好、为公司加班也好，每周必定会找一本书读。光读不行，还要画出其中的好句子、好观点，建立一个文案读书库以备日后使用。

这个想法本身就很残酷，也很酷！对文案来讲是一种额外的脑力劳动，额外补充，某种程度上也医好了文案的懒惰病。广告人因为每天频繁加班，一有时间准找些娱乐打发时间，哪还有心力看书？但，我们是文案，文案就是靠笔、靠脑袋吃饭的。如果脑袋里的内容不及时更新，写出来的东西早晚也会被淘汰、腐烂。到时拿什么想一些引导性的新思维、新概念让消费者埋单？

这种强制性的读书方式，给众文案一个互相交流的平台，大家在一起交流好书、好句子。虽然，最后还是因为大家常常加班、人心日渐松散、老板长期出差开会无人掌舵，读书会悄声解散！但却给我留下了终身受用的好习惯。

TIPS：

1. 在豆瓣找书评，筛选新书、好书；

2. 勤逛书店，新书抢鲜看；

3. 读书摘句，写读后感；

4. 不要偏科，应博览群书：趋势性的书、心理书、哲学书、励志书、漫画、科幻……

结论：

书、想法、写作与我如同系在一条绳上的蚂蚱，读书就会有启发，有启发就有新想法，有新想法下笔更有力。

创意沉浮

我的表现谁说了算？老板说你行，你不行也行，老板说你不行，你行也不行。就像《东成西就》中练就盖世武功的“钟镇涛”，一出关就被欧阳锋的水晶鞋砸死一样，空有武功也派不上用场。

时间的确是万能的，不仅可以愈合伤口，还可以使陌生变熟悉。就像达尔文的进化论，适者生存，正当我日渐适应公司流程，习惯每天下午去咖啡间取咖啡，习惯每天穿得日显年轻，习惯和同事们打成一片，习惯那段时间疯狂加班，每天写三篇广播稿，每天下午讨论五个新鲜的idea，每周录一次音的时候，这些习惯似乎悄悄地不重要了。

如果老板连续对你的文案说十次NO、NO、NO、NO……的时候，你还能保持自信吗？就像一个人连续在你的身上踩、踩、踩、踩……踩十次的时候，你就相当于被活埋了……

每次讨论的时候，我的文案都像在猜老板的想法，每次他眉头上扬，嘴角说NO的时候，就像朝我的心头压了块重重的石头。石头越积越多，我如同未登上喜玛拉雅山就不争气地犯了高原反应。空气稀薄的时候，最难受的不是呼吸困难，而是梦想就在眼前却触手不及。老板一向擅于冲锋陷阵，但从来不会朝后看，要知道下面的人付出多少努力才能不被落下啊。

为了想一句够猛的 tagline(产品标题)，我要连续喝十杯咖啡让自己整晚失眠。为了想一句 TVC 的旁白，我几乎能背下整本词典。这时候我仍过不了关。为了不再次挨骂，我必须想破头地想，再想，再再想。如果仍免不了挨骂，仍要被扣上白拿薪水的恶名，我的压力大到需要人工呼吸了。

这时候，怎么办？紧张、不自信使你不相信自己能爬上最高峰，你被彻底打垮了，你一向自以为是号称“资深”的名号慢慢被“老大”眼中的菜鸟这一事实打倒了。你的狂傲症被治愈了，你的创意被活埋了，你的雄心被踩在脚下，你的一切造梦工具突然一下子被洗劫一空，顷刻间，你好像是一个自认美丽的丑八怪突然照镜子，再找不到勇气！

我只是个自大狂，在他这个巨人面前我只充当崇拜的粉丝，永远就只有听没有讲的份。我的文案从完全不对到一点点靠谱到最后能看、能改，需要超级无敌自信心。我甚至将他用钢笔修改的文案保留很久，作为研究之用。

我惊异，为什么我几天几夜才憋出来的文案，经他简单几笔的勾划就显得很动听。惊异，为什么他轻易写出比脸蛋漂亮几十倍的文案。

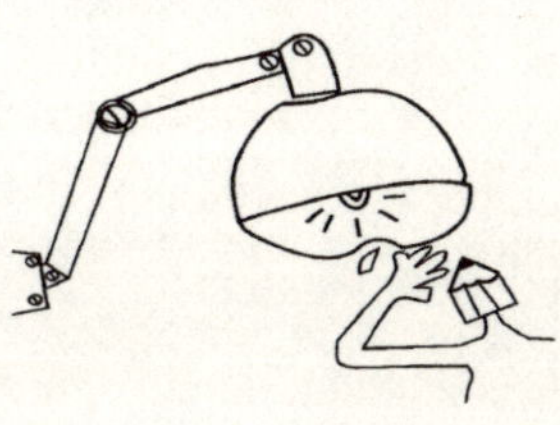

也许，这就是资深和菜鸟的差距吧。但，我仍然感谢他，他用特有的武士训练方

式让我清醒；感谢他让我懂得只有天才可以自大；感谢他让我在阴沟里摔个跟头；感谢他教我三日不读书面目可憎；感谢他至今仍是我近距离领教的最“N”的CD。

细数致命罪状

团队关键词:和

如果一个团队貌和心不和或各执己见,就离拆伙不远了。我们团队是全新的队伍,好像从五湖四海聚在一起的兄弟,谁也不了解谁。我们拼命地展现自己的强项,又纷纷失望。我们几乎试遍了所有办法,令自己对团队有信心,起码看起来不至于像一块外表强硬、内心软弱的砖块豆腐。

我们试过,每天每人找出一幅出色的获奖作品,阐述概念,然后一起讨论。就像晨跑一样,明明知道有益,却因为所谓的忙碌和懒惰不了了之;我们试过,不再对对方使用刻薄的言语,但却像一种难以改变形状的铁锤,只能变本加厉互相反击;我们试过,一起去 STARBUCKS 聊天、聊创意,但像一场出发点极好的和平聚餐,最终只能以互相拆台的"蛋糕战"收场。

按理说崭新的团队应该更团结更互助,就像被分配在一个班级的新生应该珍惜缘份。但,大概谁都想出头做班头吧。

我们面对同一个问题:适应新环境,适应新老板、适应新同事。但,谁都不想被人看扁,都想在这个新舞台上表演、增值、放光。老板在我们一次次合作中看我们的表现,我们也在一次次合作中争取表现,每个人都拿出最厉害的看家本领,当然,也互不相让。每一次合作都看似完美却都暗自较劲儿,这像是抗战时期的共产党,一面要打倒侵略中国的日本鬼子,一面还要防着向自己人脑袋开枪的国民党。

这是一个自负的年代,每个人都认为自己很“NB”,可以独当一面。每个人心中的“我执”都像一个迅速膨胀的气球,贼大无比。“我”的 idea 可以拿大奖,“我”既会设计也能写文案,这个 team 离开“我”没法转。

我也是“我”执的一分子。我是菜鸟,实际工作经验不到四年却口口声声自称 super copy。我在他们心中也是菜鸟,就像他们在我心中是菜鸟一样。

找对搭档!

记得曾经有一个日本理财公司的广告,画面是一对搭档的“忍者”,本来应该袭击敌人,跳下楼时竟然互相愚蠢地用箭射伤了对方。广告语便是:找对搭档。

吸引我注意的并不是这个广告片获得了戛纳广告节的一个什么奖。因为,它就像在上演一个关于自己的故事。我和我搭档的关系,就像是两台最先进的电视机和影碟机,看似完好,却没有匹配的接口。

不仅如此，我们还互相要对方好看。本来应该取长补短的我们，偏偏把捉住对方的短处视为凸显自己的标准。从吵架、对峙到最后的冷战，直到我们把所有对抗的方法都试遍了……

也许是人之将死，其言也善，当时我准备好的恶言恶语，现在竟一句也派不上用场。如今，换组了，离开公司了，我和他却变成了能说心里话的好兄弟。想想我们的性格，爱抬杠，适合做敌人。讲义气，适合做兄弟。寂寞，适合做知己。但，无论怎么搭配，两个互相拆台的人都不适合做搭档。

这就像是一场宿命，无论双方怎样改变都无济于事。过高的期望，导致过度的失望。我们太渴望在这个新公司、新团队做出点事情，太渴望被重视，太渴望从对方身上获取灵感。但，毕竟我们是凡人，我们的野心比耐心大，我们对搭档的期望对比姗姗来迟的 idea 成了互不信任、互不顺眼的导火线。我们太过自负、太想成功，我们幻想对方是助自己取经的神仙，拼命向上飞，直到跌得头破血流才恍然记起忘了长翅膀。

生活没了魂，就变成了黑白图像。

时间没了魂，就变成年、月、日。

广告没了魂，就变成产品＋代言人。

人如果没了魂，就变成不知道生活、时间、广告的行尸。

是谁害我丢了魂？

我就是这样，在不知道生活、时间、广告为何物的情况下活了半年。那时对我来讲，一切都停住了。就像吃了没营养的菜等于没吃，谈了不来电的恋爱等于没谈，写了没创意的文案等于没写，整个人丢魂一样，等于白活。我正努力回忆，究竟遭何打击……

是因为，概念难产吗？

当时自称概念性文案、super copy。但每每他们这样大声称呼我时，我却感到极其刺耳，听起来更像是一种讽刺。因为，在他们面前，我从来没有发挥任何概念性文案应有的概念。我不知怎么了，以前手到擒来、大放奇彩的那简短的几个字，却像难产一样“生”不出来。

是因为，×××那个蠢客户吗？

每天，我像一只习惯生产报纸稿的印刷机，机械性地复制。

是因为，只知道吐唾沫的搭档吗？

我们互唱反调，有时恨不得往对方身上扔炮弹。每想一个创意，就被他“看过类似”的响亮巴掌，有力地弹回。渐渐，我提高了给画面配文案的能力，却丧失了原有的活力。

是因为，没有 copybase 的 CD 吗？

他是普通话讲不流利的 artbase 港仔。他眼睁睁地看不下去我这资深的文案写得并不资深的文案。我则为自己平庸的文案懒散地自满。

是因为，错别字，让我成为“粗心文案”？

一次错别字，请吃一顿饭，二次错别字，他们又白吃一顿“沸腾鱼乡”。他们像善于抓住别人把柄的监工，非要把水煮鱼吃腻了。而每每和 CD 特别谈话中，“粗心文案”都成为我难以逃脱的罪名。

是因为，在拍片现场公然迟到？

我比老板迟到、比导演迟到、比制片迟到、比演员迟到甚至比送外卖的迟到。如果我是老板，对这样员工，会不会想：哼，还没当老板，却要起大牌。

此时，我如同孙悟空踢开了五指山，松了一口气。我终于也可以结束强压在自己身上的使命，一个 super copy 的头衔，一个不认字文案的绰号，一个没有概念的概念型文案。一直以来，我都被这些大山压垮了，我被他们过高估计后，又过度怀疑。我太过在意别人的想法，太想证明自己。我像一个被全家寄予厚望又恶狠狠威胁，强迫其考满分的小孩。考试时，满脑袋都是大人奇形怪状的脸，满手心都握着汗，平时滚瓜烂熟的答案，关键时，却交了白卷。

我丢魂了，我怯场了，我心不在焉！对于一个人乃至一个团队的过分高估，会葬送他的价值。

总结：

勇气，就是我的魂。

在现实的大浪中，我们从棱角分明的大石块不知不觉被磨成了鹅卵石。空有光滑的表面，却不那么锋利了。

我们越来越不勇敢，我们怕一个人走夜路，晚上不敢一个人待在家，怕去广州出差被打劫，怕三十岁之后变成只会加班的广告人……

没行动之前，我们就设下种种害怕的后果……勇敢，是我们慢慢抛弃的魂……

无论是大石子还是鹅卵石，都是能发光的生命体，只是，别忘了更有勇气……

PART ONE

取经的路上

小时候看《西游记》，总是奇怪，为什么孙悟空西天取经的路上碰到那么多妖魔鬼怪，就连取完经书回来的路上，都会碰到作恶的大龟。长大了，才慢慢明白，原来那些妖魔都是如来佛祖派各种神仙变的，一路设下重重障碍才能慢慢把他们师徒身上的“贪、嗔、痴”去掉。

取经的路上，必然会碰到妖魔鬼怪，九九八十一难，才能立地成佛，修成正果。

旅行·逃生

你眼中的世界是蓝天白云,阴天也变晴。你眼中的世界充满妒忌与邪恶,你自己也变得可恶。也许刚开始就存有偏见,你和我都是。

无论如何,一个 team 出现问题时,就像在捉捕一个杀人犯,每个人都有嫌疑,而嫌疑最大者,就是凶手!这是超有效的破案惯例,当然无可避免出现假案、错案、冤案,但,百分之一二的错误率与 99%的胜券在握比起来又算什么呢?

当我们被偏见与误会定罪时,唯一自救的办法就是逃跑,就像《肖申克的救赎》。

离开“SS”的时候,正值年底,也是公司上下全体员工最开心、舒服的时候。忙碌一年就等这时候,吃吃年夜饭、拿年底双薪、等老板一年一次最大方的红包、放个大假回家过年。但正如朱自清说的:“但热闹是他们的,我什么也没有。”选择在这个时候离开,应该是学习雷锋的善举吧,没有奖金、没有红包甚至连个年夜饭也没准备吃,就慌忙地与这里的一切告别了……

借用徐志摩《再别康桥》，结束了“SS”情结，轻轻的我走了，正如我轻轻的来，我轻轻的挥手，不带走一片云彩。

据说，我走后，那个小房间一度放着周迅《外面的世界很精彩》这首歌；据说，我同事的MSN上一度以“外面的世界很精彩”这句话作为签名；据说，我的名字及趣闻一度成为他们中饭的谈资；据说，他们很奇怪，别人走只会想几天，我一走他们想一度。

悠闲清单

旅行，总是忘记烦恼的最好办法，没有永远拥挤的交通，没有为明天穿什么而烦恼的购物欲望，没有兄弟姐妹们的抱怨和胡侃，没有电梯里的人满为患，没有导致面黄肌瘦的天天天加班，没有老板的黑脸，没有飞机稿恐惧症，没有压倒性工作忧郁症……

旅行中，无欲无求，是最快乐无边的。每天不用穿着为现代人盲目追求漂亮而设计的不舒服的衣服小步小步地注意仪态，在大自然里你可以尽情地跑，尽情地飞。穿着舒服的球鞋，穿着一星期也不用换洗的宽大衣服用力伸展四肢，没人看你，没人认识你，没人在乎你是什么职业。在这里，你是树、你是鸟儿、你是风、你是云彩、你是蓝蓝的天。每呼吸一口气都那样上瘾，这里根本不需要什么绿箭口香糖，空气清新地在你口中进出自由，每一秒都在净化你心中的浊气……

广西最著名的，除了风景就是人们无忧无虑的悠闲生活，在这里每天我的生活都毫无规律，随心所欲，完全满足双子座求新求变又渴望简单的矛盾个性。

最初几天，无论自己有多不想起床都要起早的，因为错过了这里最著名、最正宗的米粉就算白来一趟了。这里的米粉好吃、够劲、够辣到你为它早多长时间起床都值得。它回报给你的满足感绝对超出你对美味的追求，就像被一位长相纯朴的山妹子吸引一见倾心，这种美丽完全不掺杂任何人工色彩，完全与城市里的人造美丽隔离……

旅行的乐趣，除了吃就是玩。你可以选择狂奔、狂走，马不停蹄，但每个人目的不一样，如果你的心真的很放松，足不出户也可以全世界旅游。如果你满脑袋心事、公事、家务事，即便你去了风景优美、晴空万里的地方也还会担心：家里下雨，晒的衣服还没收。人最痛苦的事情就是不能活在当下。在什么时候，就要做什么事。

旅行奔走累时，我也有机会做宅女，在朋友那个离市区很远的村里隐居，过着一种完全不用担心未来、完全不用工作的随遇而安的悠闲生活。

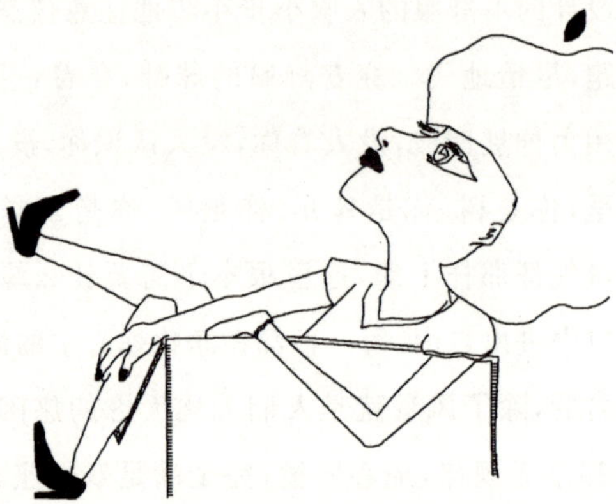

起床时间：

由于睡得晚，起来就已经中下午了，正好合并早、中饭时间。

消化时间：

用3—4小时站起来伸伸懒腰，拿着遥控器看各种之前因工作错过的电视剧重播，看一个好碟。

充电、娱乐时间：

晚饭后，我才真正醒过来，对我来讲晚上就是白天，大把时间绝不能浪费。

行动一：

1. 找几个朋友打打麻将，兴奋又不用动脑子。

2. 去酒吧听一些吉他手现场弹唱，被人遗忘的老歌中透出的淡淡的甜蜜、忧伤格外有味道。

3. 疯狂地唱K，不管音响效果、不管点唱机全是老歌，关键是超便宜。

行动二：

读一些一直想看却没时间看的书。写一些想写一直没时间写的文字。

一个月的时间就这样晃晃悠悠地过去了，临走的最后一天，在朋友的推荐下我去了趟南宁最著名的桃花岛。听说，那里很灵，每年都有无数善男信女远道而来只为寻一份姻缘。正当我爬了几个山坡满怀期待地希望满山桃花迎接我时，却发现光秃秃的一片。这时我的朋友向我解释说："现在还不是桃花盛开的季节，不过有缘份兴许你会在这里找到几朵。"果不其然，我奇迹般地看到一颗无比粉嫩的桃花向我招手，不知道为什么，看到它就有种很神圣的感觉，热泪盈眶，好像它就是为我而开，我期待已久的爱情就要到来。于是，在它耳边，我悄悄地说了我的心愿。

TIPS：

你有过在山坡上搂着太阳睡着的经验吗？不知道为什么很多人出门都要躲太阳，我从来不怕太阳，从来不躲在树荫下乘凉。我希望日不落，我希望拥有咖啡色的太阳肌肤，对我来讲能在温暖的太阳下做梦真是天底下最幸福的事了。

结论：

喜欢阳光就要彻彻底底，不要因为冬天阳光稀有而期盼，因为夏天阳光炽热而逃避。

我酷爱太阳，对我来讲太阳是种能量，太阳不会落下，因为太阳长在身上。

过年就是笑笑笑

“你有时间旅行,怎么不回家陪父母呢?”爸妈一定会这样问。

以前团聚不得是因为工作忙没时间,但这次突然有了大把时间和家人团聚,我却充满了惭愧。我不想让家人失望,因为我是他们的希望。我像是家人长期以来一直看涨的良性投资却始终没有回报。他们不理解我,不理解我为什么频繁跳槽?为什么工资那么高却仍然月光?为什么失业了不好好找工作跑去那么远的地方晒太阳?为什么和家人在信里那么多话当面却无语?为什么好消息后面总是跟着坏消息?

过年了,谁不想团聚,谁不想除夕大家高高兴兴吃饺子看晚会,谁不想东家走西家走串亲戚。但,笑完过后我永远要面对一大堆责难。我不知道怎么回答……就像他们没办法回答亲戚、同事的问题一样:“你们家姑娘一个月赚那么多,一年存多少钱孝敬你们呀?”

也许,一进门我的脸上就写着“不许问”的表情。也许,爸妈怕问烦了我明年我又不回家过年。也许,他们二老也开始想开了,变得善解人意。

这次过年,老爸老妈笑得特别灿烂,我的失业也丝毫没有影响到他们的情绪……短短的七天,和全家人笑了七天,发自内心的笑,完全没有迎合之嫌,完全放松,可能由于家搬到沈阳的缘故,全家人开始变得特别幽默,每个人都像唱“二人传”的演员,特别找乐。这一轮轮没日没夜的笑声,没留后遗症,没有笑后爸妈的逼问,是完全纯粹的笑,用光了一年笑的力气,也医好了我一年里所有的抑郁。

结论：

爸妈不逼供时反而更内疚，虽然可以在他们面前躲避责难，但还是要向自己交差的。

笑，给我力量。自信，是我给他们唯一的答案。

邂逅新饭碗

山不转水转，只要进 4A 的门，就是 4A 圈的人。回来上海没几天，就接到一个非常靠谱的朋友的电话。她介绍我去她原来就职的一家 4A 公司，做化妆品。也是大 4A，但非创意导向，是客户导向，国际客户比较强势。

由于介绍人较资深，所以基本上和老板见一见就可以上班了。条件嘛，薪水和 title 都涨一截，足够让原来"SS"的兄弟姐妹们羡毙了。

工作敲定的速度似乎就在眼一张一合的工夫，快得不允许我考虑太多，也不允许左顾右盼。当然除了高薪和比较有面子的 title，我也考虑到让老爸、老妈在年后也能放声笑。是时候还他们一个踏实的笑了，虽然我知道代价是无趣的工作。

如果老天一下子对你大方起来你还真有点招架不住，就像同时扔给你两个大件让你一手接住。贪心有余，智慧不足最终导致你两手空空。

正如我所料，新工作并没给我太多的激情，超出我所料的是比我想象的更为无聊。我必须忍受一个客户出身没有创意的创意总监没有创意的指导；我必须和一群身在创意部却没有创意的同事为伍；我必须像求他们一样等待客户的开会时间；我必须一天要接三四个 brief，没完没了地想几十个永远不能让他们满意的命名。我必须每天忍受十几个这样的必须。

这就是一个 copy director（文案指导）的责任！不需要创意，不需要太好的文笔，只需要无休止的忍受。

我必须这样做！但我这样做了吗？作为一个 copy director，我只会让我的 copy 尽量多看书，不要一天到晚忙着加班命名；我只会唤他一起脑筋风暴把砸死人的命名清单快点结束；我只会尽可能地在他永远低头工作的时候拉他出去胡扯乱扯；我还会怂恿老实、务实的他，快点出去看看外面的世界。

虽然我的 copy 很崇拜我，但我却不是一个好的 copy director！

无论我多想稳重一些、慎重一些；无论我多想虚荣地保留名片上的 copy director 这一雅号；无论多想让爸妈不必担心我的跳槽得笑且笑下去；无论我多想让原来的同事认为我现在混得多痛快、多好；无论我多么想用这个月的薪水还下个月的信用卡。但无论如何我也受不了没创意的广告公司、没创意的老板、没创意的同事。

我怕我今日保住了饭碗，明天却贬了值，我不想一个菜鸟误闯了已经被驯化得体的家禽类的窝，这不是菜鸟的梦想，虽然当时的菜鸟没有长全翅膀却已经膨胀得不得了了……

爱情，万众瞩目

世事无常。没想到拯救我的不是以创意著称的 4A 诚聘，却是一段让全公司女生羡慕、嫉妒、尖叫的爱情。

与“他”的相识就像人生最炫丽、最多彩的烟花。不是一支支地优美乍现，而是无数支的炫亮、夺目，漂亮得好像把一辈子的精彩都在一刻爆发了。

28 岁之前，我从来没想过会经历这样的人生。浪漫到不敢想象，浪漫到像是爱情电影中最浪漫的桥段，浪漫到像在做一个超不现实的梦，浪漫到超乎一个女人对浪漫定义的所有极限，浪漫到因为“他”的出现我突然被无数女生艳羡，浪漫到“他”就是我在桃花岛许下的心愿。

爱情就像一朵盛开的玫瑰，能让女人的心情漂亮到认不出自己，每一次约会都期待下一次约会，每一次约会都发现对方不同寻常的地方。

第一次约会，我们看到了对方工作疲劳的最糟糕状态，那些天我们都连续加班到两点以后。

第二次约会，我们看到对方最富娱乐的状态，他竟毫不畏惧地以台球菜鸟身份对抗台球天后，我在球场上当仁不让地狠狠赢了一把。那天对得起“友谊第一，比赛第二”的原则，我们牵手了。

第三次约会，我们看到对方最不专注的状态，号称“卫星导航系统”的他牵着我的手开车竟然史无前例地迷了三次路，而我则充当他的收音机不停地播放自编的“脱口秀”栏目。

第四次约会，我们看到了对方最令人欣赏的地方，我和他兴高采烈地讲我的广告“发家史”，他则神秘地牵着我的手带我去看他在同济大学的“儿子”。他的“儿子”又高大又威猛，“XX 科技馆”、“YY 图书馆”都是他亲手设计出来的。

第五次约会，我们看到对方最自恋的地方，有史以来第一次收到那么大束像“我”的鲜花，因为他觉得花花很 Q，有史以来他第一次收到一只满满自恋像的照片杯子，因为要鼓励他没事多喝水。

第六次约会，我们看到对方最让人感动的地方，在南京湖中央划船时，他对我说：“为什么，和你这么近，还是很想你？”我幸福、感动地想哭。

第七次约会，我们被对方彻彻底底的浪漫征服。那天中午，前台叫我说有快递，工作没忙开，和同事吃中饭打算出去逛逛时，看到前台多了一个超级大束的火红玫瑰。当时心里就闪出个想法：刚才说有我快递，不会是送我的吧？但又失望地转念，这一大捧玫瑰足以让所有路过的女生驻足，每个女生都希望是送自己的……

这一天过得很奇怪，心里莫名地紧张、兴奋，平时短信多多的他，今天破天荒一通短信也没来。心里闪过无数次玫瑰正是他浪漫的杰作的念头，又无数次推翻自己，想太多……

草草地结束吃饭冲进公司时，前台惊讶、羡慕的眼神差点把我吃掉："哇，这花是送给你的呀？我们都在猜谁这么幸福？好羡慕呀！"

手捧着如此重、如此炫目、如此引人注目的玫瑰明摆着就是向全公司人宣布：花是送给我的！

太高调了，想不高调都不成。

这束鲜花大到，每每路过的人都跑过来问我："究竟多少朵？"

这束鲜花大到，我需要借两个超大花瓶才能装下如此的夺目；

这束鲜花大到，引起公司所有女生羡慕；

这束鲜花大到，等于"他"向公司所有男生宣布我已经名花有主；

这束鲜花大到，公司经验人士纷纷猜测，是有人要向我求婚；

这束鲜花大到，我是那时刻全世界最幸福的女人……

比起鲜花之大，其后面的卡片则显得不起眼，但里面简短的一句话代表了全部鲜花的意义。没什么露骨的求婚词，没什么山盟海誓，简简单单地像老夫老妻每天的耳语："一心一意，一生一世。"

要知道，鲜花会凋谢，钻石会丢失。卡片上那句老话，却可以让我牢记一辈子。

就在全公司为鲜花沸腾时，他在电话里却保持出乎意料的镇静，但我却能听出他刻意压抑的紧张。

他温柔如往地说："晚上去吃寿司吧。"

我甜蜜如往地答："好。"

他温柔如往地说:“下班,我接你。”

我甜蜜如往地答:“好。”

越简单得过分的对白,越让人感觉什么值得期待的事情要发生,似乎每说多一个字都怕不小心泄露了秘密。的确是个超大、超闪亮、超级奢华的 suprise! 整整过百层的金茂大厦我几乎脚未落地,他在全场的注目下背我上楼,好像这里的人已经习惯在如此高档的地方迎接浪漫,又好像每个人都在冲我们微笑,为某种即将到来的时刻庆祝。

淡淡的灯光、优雅的格调的确可以与上海最贵的寿司匹配。我一面看菜单,一面寻思如何为他省钱。因为,我知道,此时不管吃什么我都已经深度醉了。时间在优美的旋律中快乐地跳着华尔兹,好像周围在座的人无不快乐无比地享受二人世界。音乐没有停止,他突然像醉了一样,向坐椅边缘移动,在他双膝跪地的时候,我的眼泪也掉了下来,他拉着我的手,唱着他自编自导自创的无调有词歌曲。从此,我手上多了枚真正的戒指,“真正”的意义不在于钻石有多名贵、它有几克拉、它属于什么品牌、它是来自哪位大师之作。是因为它适合我!适合我手指的尺寸!适合我有棱有角的性格。

从那天开始,我的幸福好像一下子升温、爆炸了!

每周都会收到他亲自挑选的一束适合当日天气、适合当时心情的鲜花。

每天都和他一起上下班,每天都埋怨在一起的时间很短暂。

每天他都要背我一次,要深吻一下,说一次“我爱你”。

每天都有短信扬洒着爱的讯息。

每天都是笑着上班,笑着下班。

每天心情都在跳快乐恰恰舞。

每天无论在一起吃什么都像二人烛光晚餐。

那是我人生最好的时刻。

全名牌购物之旅

如果相爱,世界上有这么一种男人为爱存在!

你有试过早晨上班,因为你领子少件围巾,他开车为你寻遍一条街吗?

你试过他陪你买衣服时,不是一件件为你挑选,而是几十件地为你埋单吗?

你试过买护肤品时,他为保护你的脸,细心为你挑选适合的罗列清单吗?

你试过从头型到鞋底,每一丝每一毫都由一个爱你的人包装吗?

你试过他为你精选所有的鞋、所有的牛仔裤都是超过 1000 块的名牌,所有衣服都色彩斑斓,而他从头到脚只更新过几件 T 恤吗?

你试过生日收到人生第一个奢侈品——LV 包包吗?

你试过去香港扫货,从此你拥有 DIOR 钱夹、CARTEAR 的手表、GUCCI 的手袋……而他只因要你成为和上海女人一样漂亮的新娘吗?

你试过他从来不会对你的欲望说“不”,永远对你第一好,却永远对自己第二好吗?

你试过他对你说:宝贝,我是你的隔离霜,为你隔离一切脏空气、紫外线。我是你永远的保养品,让你永远不会因为洗衣服而手变粗、过度操劳而变老。我是你永远的防腐剂,给你欢笑,让你永葆单纯之心。我是你永远的靠山,无论我变得多老、多笨都要在背后坚强地保护你，让你依靠，让你哭、让你闹。我是你永远的雨伞，刮风、下雨你看不见，你的天空永远艳阳天。

可是他为我做这么多，我能为他做什么呢？他做的永远比我多，比我细心，想事情比我周全。他把我当孩子一样宠爱，而我，却像个被宠坏的孩子，从未真正关注过他，只是一味贪婪地拿走他的爱。

因爱辞职

鱼与熊掌不可兼得好像是永恒的真理。

我高涨的热恋情绪似乎调起了公司所有单身女生的恋爱欲，每个女生都托我介绍男朋友。

标准一：像我男朋友

标准二：像我男朋友是建筑设计师

而每个已婚、有主的女生都拿她们老公与我的“建筑师”比较。她们吵着要男朋友买花，她们因为老公不像我的“建筑师”体贴而吵架……

她们看见我一天一换的新衣服，值得他们拍照的LV，身上、手上被名牌环绕的骄傲，慢慢与我敌对起来。

也许，我太高调，高调得让人感觉我是在炫耀。也许，我太幸福，幸福得每个人都用“幸福女人”来替代我的名字。也许，换作别人，公司中有一个像“我”这样高调的女人，我也会成为她们中的一份子。我也会想:凭什么她相貌平平却可以得到超过相貌几十倍的幸福,为什么单单她一个人得到中头奖的爱情运?

是呀,为什么是我?我也不懂为什么。我却知道为什么要离开"MC",因为想快点离开这个被我点着"爱情忌火"的闲杂闲语圈。因为,此时对爱情的热度比对工作的热度高。因为,工作的创意是客户作主,爱情的创意我作主。因为,我还有比工作更重要的学车计划、学英文计划。因为,太想离开是是非非的女人窝。

意料外的辞职善举

后来得到一个震惊消息:在我辞职不久,我那段轰轰烈烈的爱情故事也渐渐平息 ,但更令大家瞠目的是原"MC"的CD,她居然也做出令人喷饭的事情,辞掉令人羡慕的高薪工作,和英国剑桥大学教授私奔了。

这与她一直保持的典型香港女人精明、能干的形象差得太远,但这的确是我听过她所做事情中最具创意的一件事。再不用在电话中见面,不用等教授稀有的假日时间,不用每天晚上靠加班忘记思念。她终于可以天天亲手为她的英国绅士男友烤蛋糕了!

如果,她是被我来势凶猛的爱情之火,被我每天因爱神采飞扬、因爱气色红润、因爱漂亮升级、因爱自信飞舞,而壮大了爱的勇气,因爱辞职,这就是我在"MC"做出的最大善举。

幸福不在于结果,恭喜她找到幸福。真心想对她说:"对不起,曾认为你没创意!但其实你是我见过的最勇敢、最浪漫、最有创意的CD。在心里为你颁个'敢爱大奖'!祝愿你一直幸福下去!"

害上公主病

我害了一种怪病，成了一个怪人，抛弃了一切纯朴的美德，变成了一个虚荣、自大、自私的“公主”。

他对我万分宠爱、精心呵护，他的角色是父亲、是男友。而我的角色却变换成公主女儿、公主女友，骄气、任性、刁蛮万分。

我的公主病日趋恶化越发严重，以致到了不能脚踏实地抬脚走路的地步。我把他对我好当成一种应该、当成一种资本。我渐渐染上和自己的虚荣心攀比的恶习，我的生活渐渐开始失去重心，我越来越贪心，越来越不满足。我似乎是背着 LV、戴着 CARTIER，却什么也没有。我甚至不知道我在抱怨什么。

女人暴躁就变得不可爱了，如果女人一面暴躁一面无所事事，后果可想而知。

第一次拥有这样的生活，因为不必担心生计而不工作。但习惯为生计、为兴趣去拼明天的我，似乎心一下子变得空荡荡的。尽管我费尽一切心机地把时间安排得满满的,精力旺盛的我却始终没办法让时间过得充实而有劲。

我似乎失去了一切兴趣,做什么事情都变得不专注。我看不下去一本书,看不完一个电影,看不下去令人捧腹的综艺节目,不能游完半个小时的泳,连学开车、学英文都在溜号。

闲得只剩下时间的我,似乎还没有一下学会如何和自己玩。我只习惯两个人在一起,每天都守着空落落的时间等他下班。等待和他一起打壁球,一起打斯诺克。

我渐渐变得过于关注他而失去自我,连自己原来的兴趣也变得迷失;我过于关注他不再为我开车门、不再每天一束花、不再每天背我一次、不再每天说一次我爱你、不再每天想我一万次;我过度关注他加班没时间陪我吃晚饭;过度关注他是否关心我。

浪漫一旦结合生活琐事,一旦每天见面就变得没那么浪漫了。而我和他,也变得越来越猜不懂对方的心思。每天闲在家里,心乱如麻的我,不知不觉与爱情专家的忠告对着干!专家说,女人万万不可对男人做的十件事:自私、贪婪、粘人、不尊重对方、女权、唯我独尊……一条不落,我全部做到了。

我似乎高估了对方的包容心、高估了他对我的爱、高估了我们爱情的纯度、高估了对方的忍耐,也高估了我自己。

在心智没有成熟时,我谈了恋爱;在不适合做全职主妇的时候,我做了全职主妇;在不该吵架的时候,我点起了无数战火。就这样,我与他之间慢慢出现了一道深深地、宽宽的鸿沟。

我是个不折不扣的作("作"读成一声的"zuo",就是不安现状,没事瞎折腾）女！生命的一大半时间都在作别人、作自己。上学时，作老师、作同学；在家时，作父母；恋爱时作男朋友。不知道，他们哪得罪了我，还是我天生就是女愤青，我总认为“作”是一种自我保护。

但，正如《在天堂遇见的五个人》中所说的那样：愤怒是一把弯刀，你在向别人刺去的同时也深深地伤害了自己。伤害已经显现，我的内心伤痕累累，我却一副满不在乎，也许，这种不肯承认，不愿认输，就是更深层次地作自己吧。

我不是公主、没有富爸爸；我不是天使，没有长翅膀；我不是航天员，不能搭宇宙飞船，但却傲慢地认为自己具有特异功能，双脚腾空，飘到空中。后果呢？只能祝我好运吧。

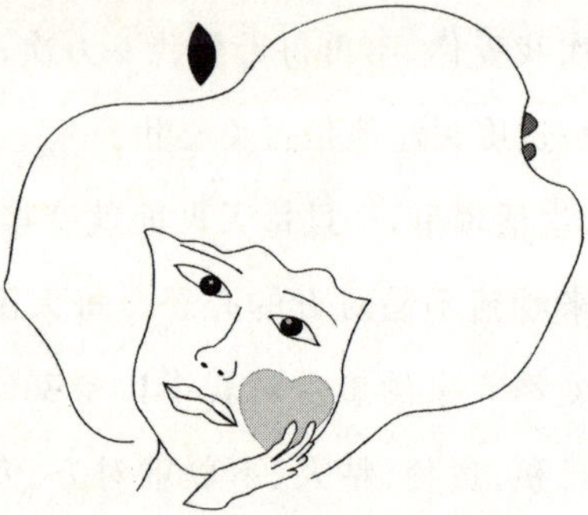

爱情暂时停止

罗兰·巴特说过："眼泪的存在，是为了证明，悲哀不是一种幻觉。"

假如，我有一个掌管爱情的遥控器，我一定在男人女人热吻的时候按键停止；在男人女人结婚时男人幸福地为女人戴戒指、女人幸福地点头说"I DO"的时候按键停止；在女人不顾后果地和穷酸小子私奔那一刻按键停止；在男女欢乐地跳恰恰恰的时候按健停止；在女人幸福地躺在男人怀里睡觉的时候按键停止。

这样就永远没有吵架，没有猜疑，没有误会，没有别恋，没有分手了。但人生若只如初见的美好只存在于悲伤过后的假想，时间永不停息，就像我们已经不再是婴儿、不再是小孩、不再是从前。

我永远记得，与"他"在一起那些永远被魔法按键暂停的时刻；他为我自编、自唱，完全不在调上却让我感动入迷的时刻；与"他"一起漂流落水，"他"把我从水里一直背到山上的时刻；去普陀山返程的小巴士上，"他"也很困很累却睁大眼睛紧紧地搂我入睡的时刻。

这些时刻才是爱情的氧气！这些时刻挥之不去，常常让我在梦中笑出来、流眼泪；这些时刻忽远忽近，近的好像还没结束，远的好像只存于幻想。

我相信爱，是因为爱情曾经定格、心心相息，从来就不是什么LV、GUCCI。我为自己做过的一些蠢事情而后悔，但就像杀了人一命偿一命，我杀了他的心，就要在自己的心中插一把刀，每天晚上"回忆"都向我报复，在伤口撒盐，眼泪让我失眠。

我忏悔，对爱情的苛刻、神经质。离开他，是我爱他的方式。不能吵得他无法继续入睡，不能让他继续不想回家，不能让他继续跟我面对面无语，不能让他继续不会笑，不能让他继续极不快乐。我再不能“作”他，只能远离他，“作”自己。

和他在一起，我就会发挥“作”的本能，我就会忍不住“作”。我们心中存在巨大的心结，心理医生也解决不了我们之间的问题。只有把自己从他身边赶走，只有让他厌烦我，才会让他从情感上解脱。这样他就不会有痛苦，就不会像我这样无法将爱情定格，以致每晚难过。这就是我的性格！想让他对我们之间美好回忆降到最低，彻底对我死心。

别误会，我伟大，是表面上的伟大！我表面上不在乎感情，表面上乐观，表面上可以一天 24 小时大笑，表面上可以再恋爱、再工作、再恢复激情。但，我的心却小气得要命。我埋怨自己，却又不肯妥协，我明知错，却无法战胜“面子”，我要一个人在夜深时哭一百次，也不愿让他看到一次。

在情感上，我永远是个被动的胆小鬼，每次好像都是我无情地离开，其实是极低的情感 EQ 早早就将“他”赶走、吓走。我赶走自己，其实是怕有一天被“他”赶走。

在我的生命中，他的出现是一种奇迹，他的出现让我相信世上果真有浪漫，让我相信电影中一个女子回忆曾和总统邂逅、恋爱确有此事。

他像一个爱神，满足我作为一个女孩的所有心愿。即便再过分的要求，他也从不拒绝。

他大方、绅士，在众多小气男人中如此与众不同，满足一个女孩的虚荣心。

他鼓励我做自己喜欢的事，鼓励我坐令我呼吸困难的过山车，鼓励我玩壁球不气馁，鼓励我在他车上卖弄"车技"。他只是默默地陪在我背后，满足一个女孩的勇敢之心。

他送110朵玫瑰、送我放松心情的泰国普吉岛天空、送我第一个自编自唱的原创歌曲、送我一个让我依靠的肩膀，满足一个女孩的浪漫之心。

他给我做早饭、给我搭配衣服、背我上下楼、给我当车夫、给我讲当年勇。只要闭上眼睛就可以拥有一切，满足女孩一颗不想长大的心。

他今天嘴巴夸我一次，鼻子说我好香，耳朵说我写得真棒，眼神说我真漂亮，他每天调动起整个五官说："I LOVE U!"满足一个女孩的骄傲之心。

看他笑、看着他高谈阔论、看他专注思考、看他和我在一起打球做饭、看着他就在我身边，看着他就是一种幸福，满足一个女孩的真爱之心。

比起他对我的爱，我才发现在爱情学科上我仍是个坏学生，仍不及格。

在他面前，我是个"鬼"！我是个不敢付出爱的胆小鬼，我是个连对亲人都有所保留的自私鬼，我是个满身坏脾气的暴躁鬼，我是个目中无人的骄傲自大鬼。这个重大发现，让他以当初狂追我的速度退出爱。他收回浪漫、收回鼓励、收回赞美、收回大度、收回“父亲”的角色。

收回一切，我都可以容忍，但就是受不了他收回了笑容。当初在一起时，带给他最多的就是开怀的笑。我一度因为快乐打败藏在他内心深处的优郁而笑，为他的笑而笑。然而，他的笑容最怕冷，我不知道当初何等冷酷让他的笑容永恒地缩了回去，永远在我面前冰冻、沉封。

我为我的残忍忏悔

为当初，他以极大勇气和信任向我诉说两个导致人生不快乐的秘密，我不屑一顾，忏悔！

为当初，他打网球比赛，我没认真为他加油、打气，害他输球，忏悔。

为当初，与他最好的朋友一起吃饭，嘀咕他的不是，让他面子无存，忏悔。

为当初，在父母面前，向他大吼，害他几天郁闷，忏悔。

为当初，日日夜晚拉他出来谈判，导致他因睡眠不足而头疼，忏悔。

为当初，在他开车时逼他长时间接电话，害他危险驾车，忏悔。

为当初，在他用尽所有力气爱我的时候，我没有用心关注他，忏悔。

为当初，与他在一起，仍让他有孤独的感觉，忏悔。

为当初，在他想一个人静一静的时候，没给他足够的空间，忏悔。

为当初，砸坏他最爱的IPOD一体机，忏悔。

为当初，让他的笑容再度沉封，忏悔。

虽然，不能在一起，虽然，可能永远不会见面，但，也想对他说："笑一笑，好吗？"

疯狂后的灭亡

逃避情感危机的最好办法，就是逃到工作中去。我以为只要工作，只要忙起来就会忘记忧郁，忘记不安，忘记无理取闹……

机会如雨水从天降，我又近乎传奇地得到了一份工作，人人都渴望进去的“J”公司（上海最具口碑、最难进的4A），成功获得超高薪水、一年两次旅游的超高福利。

接到面试电话时，我人正在泰国晒太阳，而他们在面试前就已经对我进行一轮人肉搜索了。4A圈很小，小到你的故事很容易成为别人吃饭时的谈资。

于是，他们拿到了我的第一手资料：我原来搭档是谁，我原来老板是谁，我的男友是谁……所有的确凿证据都不如一通电话三八来得容易，于是我那段轰动的恋爱成了所有人关注的焦点。最后他们获知的答案无非两条：

A：号称super copy，要不然不可能年纪轻轻就升到copy director。

B：男朋友很有钱，要不然，不可能年纪轻轻就拎LV手袋、戴CARTIER手表。

所以，面试时，老板见我第一面就开门见山地问：“听说你男朋友很有钱？”我回答：“他现在破产了，所以我要拼命工作赚钱养家。”这句半玩笑话，成功将他们的注意力转移到我的专业上面，于是，我又一次轻松地获得了人人羡慕的工作。但，无论解释也好，不解释也罢，他们心中对我的定位，就是有个有钱的男朋友、有份好工作，超前达到了为兴趣工作的目的。但我给自己的定位很清晰，清晰得让我夜夜失眠。我深陷感情危机中，我工作不尽兴。

似乎事情的发展，更倾向他们的三八结论：我工作不会出彩到哪去，因为我不工作也不会饿死。我背的是LV、GUCCI，我浑身是名牌，随便卖一样也够生活一阵子。我的角色如同与我同一天进公司的那个新加坡freelancer(兼职)。他开甲壳虫上班，他女朋友超有钱，他工作只是不想没事做。

刚进公司，我就混杂在一片谣言中，但，怪谁呢？如果不是我太招摇，4A圈再小，我不说，谁能知道呢？

我就是那种喜怒写在脸上的人，我开心时控制不住自己，伤心亦然。就像演艺圈的周迅，她就是那种大大咧咧很直接的人，她一恋爱，全世界都知道。她还要把男朋友的名字写在歌词里，大声唱出来，她不仅自己高兴，还要全世界的人一起为她开心。当然，在她最开心的时候，一定不会想到分手。就像热恋时，情侣为纪念刻骨铭心的爱情会在身上最显眼的位置刺上一模一样的纹身，意义在于终身难于去除。

热恋的人永远不会想到有分手那一天，不会去想去除纹身有多痛，会留下多么难看的伤疤。

感情中的负面情绪的确影响我对工作的积极性。我常常和同事们去吸烟室抽烟，宣泄情绪。吸烟室成了我的第二办公室，也是老板找得到我的地方。我常常向苦闷的同事们宣传一些娱乐、休闲话题："大家要不要一起办个健身卡，要不要一起打台球、唱K?"我从没注意老板貌似专注地看电脑，其实正在伸长耳朵专注地倾听，推想我是个捣乱分子，在扰乱军心，在散布懒散因子。我常常提早下班回家，为了不浪费价值不菲的英文课；我常常为和几天不见的男朋友吃饭，爽了加班的约；我常常花在如何挽救感情危机，如何为男友煲一锅好汤，如何为男友精心做一本相册的心思比想一个枯燥的药品广告多得多。

这段时间，我的确不是个好员工，不是个好 writer，更不是一个好的感情危机协调员。这段时间，我似乎什么也没做好，整个人的心都是空的。

女人恋爱的时候 0 智商，失恋的时候也是。所以，在我丢掉工作的时候，我不惊讶也不埋怨。感情、工作都一样，不是老天不帮我，是我抓了副好牌没玩好，我没有尽力而为！

我不是一个满足型的人，当然也不是为保住一个饭碗工作的人。我没必要向任何人证明我是一个什么样的人，我能做出什么。当然，我也不乎他们眼中的我怎样。

几乎在同一时间，我搞砸了人人羡慕的工作，搞砸了人人羡慕的感情。我欲哭无泪，我陷入了人生有史以来的最大困境。第一次领悟“上天要让你灭亡，必先让你疯狂”的意思。我曾彻彻底底过瘾地疯狂了一把，当然，也摔得很痛。这个陷阱就是为我这种人设计的。

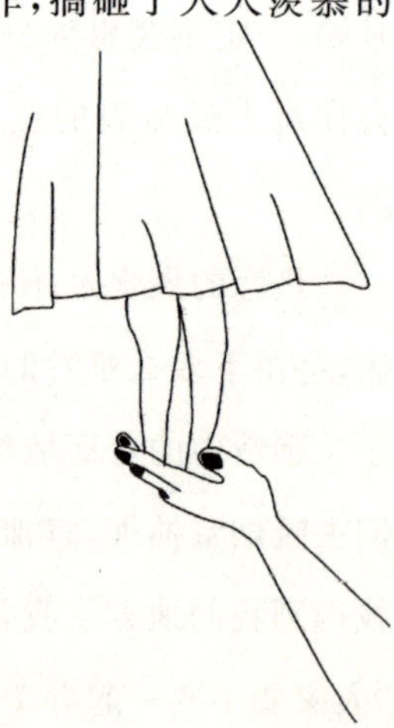

我的种种让人不理解的自残行为，就像当初人们不理解窦唯为什么和王菲离婚，为什么烧记者的车，为什么好好的日子不过非把自己

搞得身败名裂。我现在也不懂，为什么他那样做。就像我现在不懂，我当时犯了什么傻，喝了什么迷魂汤犯一连串错。但，这就是人生吧！人生的路上，我们都是调皮的孩子，没人教我们怎么做，没有正确、错误、一切都是暂时的，一切无常。

独立日

我从来没有独立过，身边总是不乏有人照顾，不是亲人就是男友。这是幸运还是不幸？

在人生低谷时，人们更不愿意在喧闹中度过，两个人也会闲吵，秘密是每个人都怕在人群中看见自己的孤独。越热闹，人越多，你越容易从别人的快乐中对比自己的不快乐。

这时候，不能与好朋友在一起。她现在和男朋友在一起幸福，你不能自私地为了情绪解脱向她倒垃圾，让她对幸福的无常怀疑。你不能占用她太多时间，因为她现在的时间不是自己的，她要分给自己一部分时间看书、画画，再分给男朋友一部分时间一起看碟、散步。

不能与亲人在一起。你要报喜不报忧，你不能让他们为你担心，为你不快乐。你不能让他们感觉你脸上有哭过的痕迹，你不能让他们认为一向坚强的你原来这么脆弱。你要让他们感觉无论碰到什么你还是从前的你，还是小时候嘴巴被打肿也不屈服的你，还是哭后立即破涕为笑的你，还是满脸不在乎表情嘻哈的你。这么多年都没让家人看扁过，这个倔强的招牌到老都不能砸。

不能与初恋男友在一起。他没变，是那个一直等你的人，但，你已经变了，变得不再爱他，变得拥有太多经历，变得再和他拥抱时就像和一个老朋友拥抱。他来找你时，你没变的是一直在伤他的心，变的是不再无忧无虑，不再满口创意。你的心变得被忧愁塞得满满的。你拒绝他的好意，你没办法再与他分享心事，因为再大度的男人也医治不了你被另一个男人伤了的心。

不能与旧同事在一起。不想让他们看到现在的你：吸烟过度、脸气很差、身体干巴巴。他们追问你的婚期，还会好心地期待要参加婚礼，会问这问那……都是你不知如何回答，不想回答的问题。如果能永远逃避这些问题，让他们对你的记忆永远保持在你满脸笑容、气色红润做幸福女人时候，你愿意隐形一辈子。

不能与新“恋情”一起。如果新恋情不是不知不觉地爱上，而是有目的转移痛苦，还是不必再添恋情！这个念头比失恋更可怕！现在可以失恋，说明没有被频繁的失恋麻木，身体里还存在鲜活的爱神经。发达的爱神经，永远只为心动准备。

不能与新工作在一起。你还没从上一次跌跟头中回过神来，你还没做好准备迎接下一个 brief，你的身子骨严重骨折，不能再连续摔跟头，你还没彻底让自己学会谦虚，把那个吓人的 super copy 大帽子扔掉。

我还是那么挑剔！似我在挑来挑去，其实是别人在挑我。他们希望挑到我最好的那一面，希望在我好的时候和我在一起。而我现在，却伤痕累累，没有痊愈……

结论：

在真正孤独时，只能和自己在一起。就像白天屋里充满了人，夜晚停电，人群却散了。

人真是很奇怪的动物，总在你不需要的时候蜂拥而至，在你最需要的时候逃跑。就像在你当官的时候他们排队送礼，在你身无分文、讨饭的时候他们集体人间蒸发。

人生失意时会找到一些朋友，也会失去一些朋友。但，庆幸找回自己。

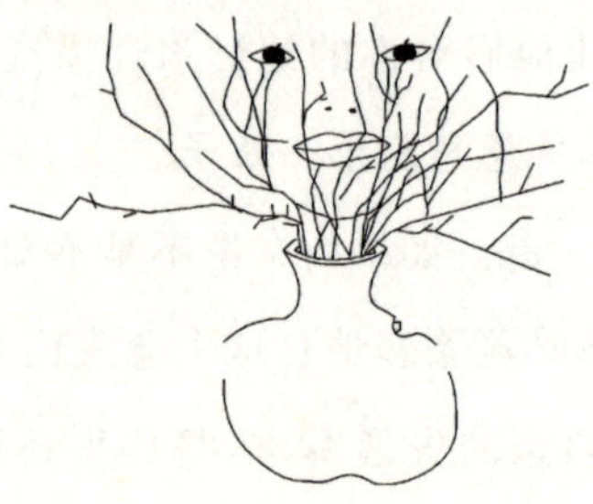

你是谁?

生活中,我们常常反串角色,有时把自己变成别人,有时把别人变成自己。

工作中……

Option1. 我们忘了自己的坚持,迎合老板的表达。

Option2. 坚持自己,视老板不如你,视老板因看你不顺眼反对你,视老板的意见不存在,视老板神经失常,对空气说话、对空气比划。

恋爱中……

Option1. 忘了自己的兴趣,把与他在一起当成全部兴趣。

Option2. 你的兴趣就是他的兴趣,你的意见就是他的表达,你把自己当女王时他就要高喊"万岁"。

无论哪种选择,"自己"的表现都立竿见影,没留任何蒙眬的想象空间,要不然柔弱如林妹妹,要不然强悍如铁女人。

似乎真正的自己总在强烈的隐忍与表现欲中寻找一席之地,但在二者永远的对立中渐渐被遗忘。就像老师永远会对你的迟到印象深刻,而不会关注你将捡到的橡皮交公。

你在爸妈心中永远是个倔强、不让人省心的女儿,永远不得安宁地丢工作、找工作。永远失恋、热恋,永远和他们持相反意见。他们会知道吗,他们在你心中排名第一,你永远在第一时间将好消息散布,却在更多时间吞着大城市的苦水,永远为每月的房租、生活费和无法预知的额外支出拼搏。每次找工作都是种冒险,都在寻找一种公平,寻找甘心卖命的激情。不胜则败，当很久没给家人打电话，无奈地做隐形人的时候，家人能理解你怕被他们担心多过你担心自己吗？

你在爱人心中，是个十足自私的家伙，什么都想着自己，自己的利益高于一切。但，他想过吗？和他在一起的时候，从来没想过有分开那一天。把他当成自己，从没想到利益区分，从来没计算过谁多谁少。可以把这当成一种对自私的狡辩。我承认自私！但，在你用这个词对我冠名之前，我从来不知道这个词关我鸟事。

你在姐妹面前，永远是双面人，换工作的速度与涨工资的速度一样快。就像大海的潮起潮落，永远不会稳稳地停在最高点，永远是前一秒兴高采烈高中彩票，后一秒彩票不翼而飞。所以，再美好的事情发生在我身上也不用奇怪，好戏还有后面。她们已经习惯我得了宝贝又砸坏的恶作剧。

你在朋友面前，以自大、浮夸见长。从小我就爱吹牛，我在小朋友面前夸说自己家有好几台游戏机，是想快点和他们打成一片，让他们追着屁股抢着和我玩。长大后更将这种天赋转移成兴趣，转变成赚钱的工具，还和一群爱浮夸的人同事，久而久之，在他们炫耀的时候发现了自己的影子，原来浮夸是一种保护欲，是一种不自信。

结论：

不论别人眼中的我，还是我眼中的别人，其实都是一个人。

人一出生就代表死亡，起点和终点都是生命的终结，暂时分出胜负又怎样？怎耐得了无常。

忏悔录

岁数一把，一切归零，心灰意懒时，唯一能做的就是忏悔。

我不能把秘密向任何世俗、有杂念的人诉说，但，她除外。她是一万年才能碰得上一次的好人，她是一万个朋友也抵不上的好朋友，她心静如止水，和她在一起总能让人找到安全感，找到归属的感觉。

不止是我一个人，她是很多人心灵的避难所，在心情阴天、下雨的时候，为我们撑把伞。每次无论我跌得多惨，和她在一起，都会使我迅速恢复元气，心再次强大。

说到我的生活，不能不提她，她总在我最需要的时候给我鼓舞，她以佛学博大的精神向我传递智慧，她教我去除欲望，了解痛苦，看清自己。她教我一根根地拔掉身上的刺，这一根根刺叫自私。自私是种贪欲，会在拼命保护自己的时候，不小心伤害别人。

我从出生起自我就开始膨胀，眼中只有自己，自己的利益高于一切，从来没为他人设想过，永远是无尽地汲取，从来没想过能给他人回馈什么。我着迷于广告工作，是因为创意能给我激情，生活能得到更多乐趣、更好玩；我拼命想挤进4A，是因为外企的名字好听，是因为它有名声大震的百年历史、是因为它可为日后跳槽增值、是因为虚荣心作祟；我一家一家跳槽，为了老板更nice、薪水更高；我想做飞机稿，是为拿奖，拿奖是为拿高薪、高职位。

我总是寻找广告公司的不足，挑广告业的毛病，但心里却认为好得不得了。虽然在广告公司忙时很忙，总要加班，但闲时也很闲。起码，不用朝九晚五，不用上班打卡，不用8点起床。困了有24小时的咖啡，饿了可以随时订外卖，没人管你一根烟抽多长时间，权当脑袋放风。这里没有名誉权，没有隐私，你可以随便叫别人外号，你可以随便三八别人，记忆不会保留24小时，因为没人当真。这里是个娱乐世界，只要你不闷，只要你有创意。

享了广告带给我的无数个清福，但我能为我爱的广告做什么，能为发号施令的客户做什么，能为养我的消费者做什么，能为CD不易为的老板做什么，我真的做到了吗，我尽全力了吗？

我是否在追寻梦想的道路上碰到些风沙、下点小雨就开始打退堂鼓？我是否在现实冲击理想的日常工作中得混且混？我是否被老板轻骂几句就怀疑自己与广告不再标配？我是否埋怨搭档的坏脾气多过检讨自己没创意？我是否过多地追寻文字的出挑而遗忘了对画面的想象力？我是否目光短浅地追求工资的提高多于能力的提高？我是否一味地随波逐流让虚荣之心掩盖梦想之心？

是的！我利欲熏心。在追求梦想的道路上，我只想到拿来主义，一味地得到、得到、得到，而到头来也只能收获失去、失去、失去。

假如重来，六岁时不会为了报复妈妈体罚，写报仇书；

假如重来，大学时不会为了所谓的梦想不合拍和初恋男友分开；

假如重来，不会因为工作忙没来得及看爷爷最后一眼；

假如重来，不会为了每天多照几分钟镜子而工作迟到；

假如重来，不会为了嘴上的痛快和搭档天天吵架；

假如重来，不会因为观念不合而非创意与CD正面冲突；

假如重来，不会因为怕耽误约会拒绝加班；

假如重来，不会把要花十分力气做好的工作只用三分对付；

假如重来，珍惜每一个思考idea的时刻。

其实，赔就是赚！

赔了时间，赔了面子，赔了享乐主义，但会得到更多。得到妈妈的快乐，得到爷爷的安息，得到爱情幸福，得到工作机会，得到一个好搭档，得到CD尊重，得到与梦想亲近。

寻找自己

从云南白马小学的孩子的笑声中找回开心的自己，

从父母关切的眼神中找回孝顺的自己，

从热恋的记忆中找回幸福的自己，

从姐妹的支持中找回温情的自己，

从满屋的书中找回丰富的自己，

从电影世界中找回影像的自己，

从最初的梦想中找回自信的自己。

爱强大，创意才强大！

感恩

弥尔顿正是因为失明，才能写出那么精彩的诗篇。

贝多芬因为耳聋才得以完成生活的赞美诗《命运》。

柴可夫斯基因为婚姻不幸，才创作出不朽的《第六交响曲》。

人生绝不会因为断了一根弦而停止演奏，没有挫折，我不可能完成这本书。

感谢“A”——你在我心中仍是个天才，你那些教诲的话虽然没办法立竿见影地显示神力，却让我牢牢铭记在心。

感谢许舜英 ——虽然素未谋面，但像认识许久，是你让我知道到图书馆培养气质，让我相信文字的力量。

感谢李欣频——让我坚信一天读一本书、一周看一部电影，功力大增。

感谢“天哥”——您赏的千元大钞，让我打包票你是全台湾最大方的老板。

感谢 MIL——没有你的好心聘用，下个月房租我不知道怎么交。

感谢“谢姐”——没有你，我可能依然迷失、依然自私、依然缺少爱心。

感谢爷爷——没有你，我就不会有一个好爸爸，没有你，我就没有一个好爷爷。

感谢爸妈——包容女儿不虚心、不孝、不让你们省心。

感谢大姐——你越来越漂亮的钝感力。

感谢妹妹——没有你的一日三餐，我根本没体力完成一篇、一页。

感谢广告——让我可以靠爱好，靠敲字谋生。

感谢四年广告生涯陪我一起走过的记忆，书中提到的，像厚厚课本上被勾出来的重点，书中未提及的，没有你们，根本就连不成片段……

人生啊广告，广告啊人生！

人生不可预知，就像丢了钱包让你一下子沦落为穷光蛋，谁也不能打包票下一秒你中不了头奖。

广告起起浮浮，就像广告节上评委叫好的 big idea 和嘘声一片的烂创意，都被需要。

人生总是飞转直下，结束了吗？

不，刚开始……

PART TWO

PART TWO

广告淘金梦

4A是美国广告公司协会(American Associato of advertising A-gencies)的缩写。4A协会对成员公司有很严格的标准,所有的4A广告公司均为规模较大的综合性跨国广告代理公司。

广告界的4A公司就像IT界的雅虎、新浪,日化界的宝洁、强生,化妆品中的兰蔻、DIOR。

对于广告人,4A就是一个响当当的名牌公司,人人都想进去镀层金。名牌价值不菲,名牌有年头,名牌质量好,名牌绝不是盖的。所以,谁不想拥有名牌呢?但,现实总是残酷的。4A公司从来就不缺人,那数得清的空位,排队的人就从淮海路甩到北京西路,密密麻麻。所以,如果你未走弯路,一毕业就能挤进4A,无疑让人羡慕。但抽头奖的只属于少数人,更多人都像我一样,山路十八弯地一波三折。

我不是外来和尚好念经满口English的外籍人士,不是享尽特殊礼遇和住房补贴的港澳台胞,不是名校毕业的优等生,不是想靠体力吃饭的实习生。所以毕业后，在玩了一圈 4A 擦边球后才真正地领教了 4A。

4A 比一般的公司更讲究流程，福利待遇就像你做爱带了安全套，安心更开心。如果你绝顶聪明、有够天赋放弃飞机稿的功利心，飞机才能飞得又高又远。如果你够努力，并且有幸能跟一位很拽的 CD 混，那么相信你的进步近乎光速。

如果，你在 4A 时间够长，那么，就根本不必发愁日后跳槽的工作，你每天都会接收很多业内八卦和有用的“业内人口流动”信息，你有很多埋伏在各大 4A 的人脉。如果，你还有个人人叫绝的好口碑，基本上，你坐着就会有人来挖你，保证更高薪。当然，你千万别一时贪玩闹出什么见不得人的丑闻，广告圈小，广告人三八，这间公司混不成，其他公司你也无处藏身。

4A 也以竞争残酷闻名，别以为你只需与同事竞争，和自己拼。要知道，最终你面对的客户只有一个，就是你的老板。他们的客户只有一个，就是他们的老板。这时，机会来了，一个让你大展拳脚的机会。ECD 会给 GCD 压力，GCD 会给 CD 压力，CD 会给你们压力，现在，你正如在街头献艺，老板不管你死活地在你骨瘦如柴的身上压个千金大石头；为博得满堂彩，指望你赚钱的老板，再向你身上砸一块铁饼，直到赏钱撑破他光鲜的阔衫。而对于为他立下汗马功劳衣衫褴褛的你，却只尝到一文“糖葫芦”的甜头。

这就是你们的关系，就像传销的上下线级别，越做到上面的老大，越不费吹灰之力地赚钱，赚名声。而你必须心甘情愿地被剥削，你选择这行，就是选择卖命。你的老板，就是你的出路。直到有一天

——没你就没有金狮子得主！客户怕失去你，不是你怕掉客户！你是公司救世主，大财神！你学会像台湾人一样会搞政治斗争！在做梦？不努力，就只能失眠，连梦都做不成！

我和许舜英

有很多人说，我长得像许舜英。

第一个人，说我像许舜英

妹妹的同事来我家坐客，看到满房间都是我的照片，她一张接着一张看，对妹妹说："你姐身材挺好。"当她移到另一张照片时，眉头皱了一下匪夷所思地说："不过，你姐有点老。"妹妹看了看照片，大笑说："那不是我姐，那是许舜英。"

第二个人，说我像许舜英

面试时，倍受我尊敬的 GCD，看到我写的文案说："你不仅长得像许舜英，写的文案也挺许舜英。"

一群人，说我像许舜英

第一次合作的搭档："唉，早想和你说了，你长得挺像许舜英。"

第一次见面的朋友："你见过许舜英吗？你俩挺像。"

第一次接 brief 的客户总监："有人说过你像许舜英吗？"

不知道许舜英的人把她当成我,见识过许舜英的人说我像她。就这样,我和许舜英素未谋面,却好像认识好几年了。

我真心地喜欢许舜英,着迷于意识形态的文案风格,但,除此之外,我们年龄不一样,性格不一样,背景不一样,写作方式不一样,我没她知性,没她有名,她没我任性,没我年轻。

她是她,我是我。

想创意，别一本正经

如果生活中，你就是个有创意的人或是会玩的人，那么，做广告一定错不了。如果生活中，你就是一板一眼，按照规则操作的人，那么，广告公司最适合你的就是“表板”——流程(traffic)的工作。

所谓生活中的创意，不是指你是否会泡吧，是否会玩 PSP，是否会交一打女朋友，是否会飙飞车，是否偏好收集玩具。当然，如果这些小儿科你都不放在眼里，你非常享乐，那么，你赢了一半。如果，酒吧里，你听着或静或闹的音乐在乎的是与不同类型人打交道时的感觉；如果，你玩 PSP 是为了甩掉大把烦恼享受赢者的痛快；如果，你交十二星座的女朋友是为了自我牺牲，了解消费者的七情六欲；如果，你极速飞车，行万里只是为了追风；如果，你喜欢巨型阿童木、喜欢世界上所有奇奇怪怪看上去欢喜的玩具只为证明自己没老；如果，你乐在其中地实践无数个不可思议的如果。那么，你会发现你身上多了一项与别人不同的特异功能：别人不知道的你知道，别人知道的你早就知道。你就会发现知名 CD 们保持不老的创意之道很简单，就是不让自己落伍，不与时代脱轨。

我的老板们：他们都有收集的习惯，他们都读过大量的书，他们只记重要的事，他们口才很好，他们有外国居住史，他们对任何事情好奇，他们好色，他们喜欢玩具，他们精力充沛，他们爱现、爱热闹，他们思考深入，他们敏感，他们不轻信，他们思维跳跃，他们有穿衣经。

玩，是为了轻松，快乐。创意也是为了轻松，快乐。

累了一个钟，累了一天了，累了一个月，累了几年，不就是想睁眼鲜活、闭眼不失眠吗？好啦，创意，别一本正经。

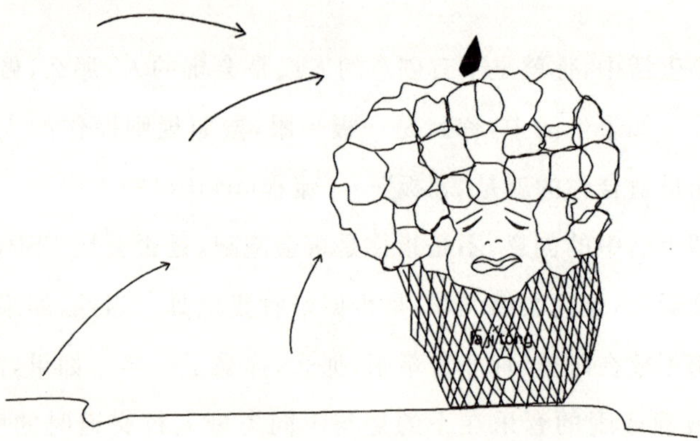

把话说圆

想想觉得古代的钱币形状还真富有智慧,“外圆内方”正可谓生财之道。无论哪个行业,会做人,才能聚财。

保持人本该有的棱角,表现出处事的圆滑,换个角度,也是种善行。毕竟,一句生硬的话换另一种说法,或中听或鼓励,都会为别人传递一种好心情。人一旦心情好,就会对周遭产生积极的连锁反应,家人看你工作开心也会开心,朋友看你开心也会为你高兴,同事看你脸露微笑也会和你热络起来。

人与人之间保持良好关系最关键的是沟通,广告人无时无刻不在演练沟通技巧,与老板沟通,和同事、和消费者、和客户、和大小奖的评委沟通。

无论是广告作品还是人际关系都流行幽默,如果你想做出让评委大笑的得奖广告,生活中也一定要自娱自乐,幽自己的默,让自己开心,让别人开心。否则,逞一时嘴上痛快,样子高高在上,说话盛气凌人，无论你多有才，到老了，也许连老本都啃不动。

举例说明：

一次AE又被我们的美指恶狠狠地骂跑了。这时，少言寡语的CD给我们讲了个故事，说曾经带过他的ECD真的非常有才华，他很有名，获很多奖，但脾气超坏，尤其是对客户部，总是不问青红皂白就一顿臭骂。

几年后，被他带过的人都由当时的小art、小copy成长为SAD、CD了，他们去看望他时，发现他的性格大变，而且还语重心长地对他们说："我现在已经没什么可以教你们的了，但，你们唯一要记住的是，无论你们做到多高位置，都要对手下和客户部好点。"原来，他辞职后，一直找不到工作。因为当年他的臭脾气和创意同样闻名，与他合作的客户部同事没有没挨过他骂的，而今，那些被骂出来的AE、AM现在都奔赴各大4A晋升为客户总监、资深客户总监了，一听到他的名字就喊停，谁也不敢再和他合作了。

没办法，广告圈就这么小，而我们却一直要在这个小圈子里，绕来绕去地混口饭吃。所以，IQ和EQ要同样高才能混到退休。

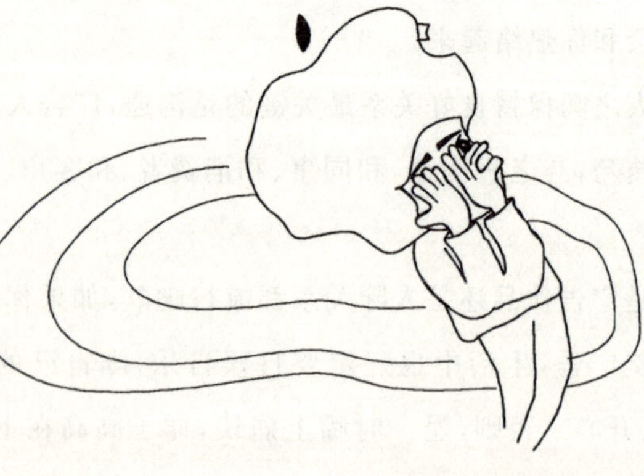

HIGH 心情，离不开阿 Q 精神

很多事情，因为年轻，我们没有答案。我们会因为第一次碰到、遇到而惊慌失措。我们甚至不知道该把问题丢给谁。而这时的我们，拼命地找一种方式解脱，或者一直陷在无头绪的线头里，或者经常问自己同一个问题。这种烦恼来源于一种困惑：我们对现状的不如意，对未来的不确定。

27 岁的那一年，正是我丢魂的时候。我从未那么浑浑噩噩过，好像时间白白地流淌又白白地蒸发，对一切，我都丧失了敏锐的直觉。仿佛岁月没了痕迹，好像人没了影子。看似无关紧要，不痛不痒，却真没了活着的感觉。我不止一次问自己一个 SB 问题："人活着为什么？"也许，这个问题只为不快乐的人存在，因为幸福的人没空胡思乱想。

那一段时间，我猛烈地吸烟，猛烈地乱想，猛烈地不想工作，我像是患了一场和身体完全无关的大病，无处寻医。直到那天，在吸烟室里，碰到另一个乐天派。如果是他，我就愁死了，没钱，没房，没车，没

女朋友。他像猜中了我的想法说:“我比你愁,我都不愁,你愁什么?你现在能在国际4A和有名的老板学东西,有多少人羡慕?”

我突然像长期堵塞的下水道突然被捅开一样一股脑地倒出心中苦水:“我已经27岁了,工作不高不低,虽然在同龄人中算混得不错,但跟自己当初的预想还差一大截。我27岁了,错过了两个不错的男朋友,现在单身,每天跟广告打交道。这样下去迟早会丧失雌性,被冠上‘剩女’的名。我27岁了,我对自己很不满意,我的生命几乎被工作占满,我是个月光族,挣多花多,我怕以后,我没积蓄,没男朋友,没工作,只剩下堆满皱纹的脸!”

他静静地听罢说:“你的心情,我能理解,因为我也是从27岁走过来的。27岁是个分水岭,许多事情在这个阶段都有了结果,但,人生并不是这么简单,27不是终结而是个开始。27岁后还有很多事情是不可预知的,所以我们要不停努力,弄清你想要什么就行动。空想只能自寻烦恼,解决不了任何问题。”

是的,我一直在给自己设计障碍,让自己烦恼。女人的27岁,广告人的27岁,只是开始。开始新的一天,开始新的idea,开始新的艳遇,开始新一轮跳槽!

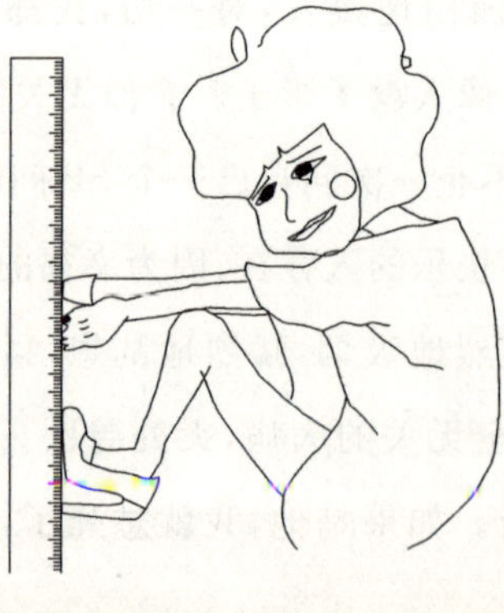

不做广告人，就去做总统！

相信，每个人入行广告都有一个理由。为了晚点上班，为贴上创意的标签，为了给文字、美术找个饭碗，为了改变电视里看不顺眼的广告片。

我有很多做广告的朋友，在苦想了几年 idea，加了几年班后，突然发现自己误进了死胡同，想转行却不知道要干什么。能干什么？我们做药品广告需要了解药，把自己想成患者。我们做奶酪，要把奶酪营养好吃的特性充分表达。我们做低脂冰淇淋，就要让消费者从敢想不敢吃的挣扎中解脱。我们做汽车，就要爱车爱老婆。我们做人寿保险，就要给“意外”一个惊喜。我们做什么客户，就变成什么，所以广告是任何行业。就像年终最佳销售员，谁能说出最刺激消费者欲望，最能让他们心甘情愿掏腰包的话，谁就赢。但，广告一旦落入只为赚钱的俗套，最终结局只会让你失望。这就是许多人干了很多年广告想转行的原因。因为广告最终并不能给你一份满足你的薪水，待你加班熬夜像喝水一样正常时，你便忍不住要抱怨了。在广告圈混了四五年后，你还是一个资深美指、文案，每月赚着数得清的一沓钱，在付房租、还房贷、逛街、吃饭、泡吧之后一无所有。你没时间陪女朋友、老婆吃晚饭，没时间打 PSP，没时间看完整一本书，没时间睡饱 7 个小时觉……

男女过了适婚的妙龄，现实让这些孤男寡女的广告人看清了人生。想到这，滴冷汗，想到这，半夜打颤。整个青春都在为广告卖命却在拼死拼活中丧生，这种感觉，就像一个打了败仗的将军，临死前才知道，自己跟错了队伍。

人生只有一次，每次选择都将决定你的人生。当你因为兴趣选择广告时，那就不要因为薪水的失调而沮丧，因为兴趣与钱无关。

广告人需要源源不断的激情，在夜深人静时仍需要充足地供电，而你的兴趣就是电源。如果电断了，仅凭半死不活的蜡烛，是无法启动电脑的。所以，请那些准备好参战的朋友，慎选你要加入的组织。谁都没有那么伟大，做好要献身的准备。

任何行业，想有所作为，都是一场大战。广告更不例外。你时刻不能放松。时下最新、最流行的东西，你不玩不碰也都要了解；明星、论坛，你不灌水，也要八卦一下；网络语言和甲骨文一样，你不用，也不能不晓得它的存在。因为，你是广告人。你不用上 MBA 那样又贵又难的枯燥课程，你每天和别人聊天为了互动信息，上网、看电视是娱乐也是充电。不知道，就是无知。别让自己跟时代脱节。要知道，广告是任何行业，广告无所不括。就连竞选总统也需要做广告，以被选民知道。就因为你什么都知道，什么都了解，知道众里挑一什么最好，才有资格为总统做广告。

正因为有了好的广告竞选词，总统才从候选人中脱颖而出。所以不是实力也不是幸运，是广告让林肯成为总统，让克林顿成为总统，让大、小布什由候选人成为总统。所以，N 年前某总统说过：“不做总统就做广告人。”

想转行的广告人，如果你的武功高超，为什么没勇气说：“不做广告人，就去做总统！”

广告人的业余生活

都说人贱，广告人更贱。

加班时，广告人叫苦连天，拼命地埋怨："他妈的，一点业余时间都没有，广告真他妈不是人干的。"

不加班时，还是照样埋怨："他妈的，除了工作还真没事可干。"

尤其是我们这几个没结婚、没生孩子，父母都在外地，没着没落的孤男寡女，常常除了吃饭、打台球，就没什么新鲜把戏了。

至于泡吧、蹦迪，对我们而言太过年轻，一想到那震耳欲聋的音乐，脑袋仁都要炸了，而每讲一句话都要扯破喉咙，我们这帮被广告折腾半死的人，还是省点力气吧。

加班后遗症

有一天，我从朋友家里往回走，途经一酒吧，此时我已经精疲力尽，恨不得有张床就躺下来睡觉。但却从窗口望见，酒吧里面的人都兴致极高地歌舞升平。

我开始怀疑我的年龄,开始怀疑手机上显示的时间:也不过十点钟。他们明明是我 double 岁数的年纪,却拥有如此强大的体力。

我开始想趁自己还没病倒、医药费还能报销前,彻底地检查一下身体。我是不是患了一种极度虚弱症,还是仪器检查不出的加班后遗症?

别想休息的周末

老板一声令下:"周末不用加班,周一每人交十个 idea。"

一听到休息,广告人像得了什么大便宜似的。加速地回家,加速地进行照常的周末计划,还有那十个该死的 idea。

吃饭想,旅行想,烧烤想,做爱想。

"十个 idea"像咒语一样阴魂不散地缠着你,最爱吃的红烧肉你突然觉得油腻吃不下去;最爱看的风景总好像阴云密布;最爱吃的烤红肠因为刺鼻的糊焦味告终;最享受的高潮却因为满脑袋"别人"而激流勇退。

得,一个白天的美好全被满脑袋"十个 idea"的家庭作业搅黄了。

未完,待续,晚起早睡接着想……

广告人怕什么?

钱钟书说婚姻就像一个围城,城里的人想爬进,城外的人想爬出。

工作也是,忙的人想闲,闲的人想忙。尤其你到了适婚待嫁未娶的年龄,而且,你一直怀念过去没有珍惜的男女朋友,那么,你就会陷入厌世、迷茫的困境。你反复想,人为什么活着,你反复寻思工作有何意义?

你看村上春树,寻找里面的自己。“我慢慢喝啤酒,慢慢看夜景,慢慢在烟灰缸上剪指甲。然后又看一次夜景,给指甲打锉。如此时间里,夜深了下去。在消磨城市时间方面,我正往专家水平逼近。”

这是发呆的我,这是大学里闲得只剩时间的我,这是毕业一两年有男朋友依偎的我,这是27岁以前的我。而现在的我,正迷恋忙碌之外的慢生活。

不是因为他们:×××月×××日,某知名广告公司,创意人员暴毙;据不完全统计,广告业每年出产一半剩男剩女至今未婚;某某,离开广告界，现是服装店老板；某某，离开广告界，由乙方变甲方；某某，离开广告界，回家种田。

是怕变成他们！

28 岁广告资深菜鸟

失眠是一种绝症

在没遭遇失眠困扰时，我从未以为失眠是一种病。就像脸上从未长痘的人永远无法明白痘痘脸的心情。直到，宿命般，我也无法幸免地饱受折磨时，才明白，失眠哪里是一种病，简直是绝症。

人在顺风顺雨时，享受幸福还来不及，从来不会有该死的失眠。但凡有些许不如意，如失恋、失业、争吵，失眠都会像恶魔一样趁虚而入。意志不坚强的人，都会受它的攻击。忙碌、压力大的现代人，更深受其害。

我最惨痛的失眠经历就是一个人过春节。那次失眠的周期足足有两个月那么长，无论我怎样闭眼睛，脑袋仍勤奋地工作，无论我如何打发时间，上网、看碟、看书、打游戏，把自己弄得筋疲力尽，一合上眼睛，就立刻机警地醒来。我照镜子，盯着愈演愈烈的黑眼圈，却一点办法也没有。该睡的时候，我就是睡不着。

那段时间，我像得了黑夜恐惧症，恨不得每天把自己灌醉，恨不得干脆吃安眠药强迫自己入睡。每天我不得不听着嘀嗒的指针不停地转动，眼睁睁地看着外面的黑夜一点点泛白，早早地吃个早饭；每天，我不得不把自己折腾到很晚仍精神百倍地和对方煲电话粥直到对方哈欠连天；每天，我不得不养成看电视剧的习惯，遥控器里任何一个有图像的节目，我都有兴趣看；每天，我不得不看碟，打游戏，平时不喜欢做的事，现在一切都变成我的强项。

在失眠的日子里，在找工作的日子里。我害怕一个人躺在冰冷的床上，望着没有任何图案的天花板，眼睁睁地想着一些失业的恶梦。我害怕极了，我讨厌极了，害怕白天的虚伪，讨厌晚上的虚度。我恨不得将时间忽略过去，甚至为此付出青春的代价，事实上，我已经付出代价了。

在失眠面前，我显得力不从心又无计可施。我向很多朋友透露自己患了绝症，出人意料的是，他们多数人也都是失眠症的患者。我们是同类人，是同样生活在现代，备受压力，力争上游的年轻人。只是我们面对不同的难题和同样漫长的黑夜。

广告人已经够累了，就不要再扮酷了。高兴的时候大声笑，生气的时候大摔东西，垃圾丢光了，快乐来了，晚上也不知不觉恢复睡眠功能。

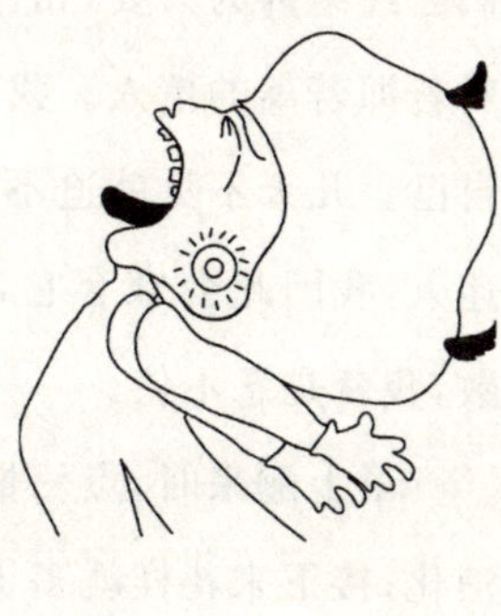

烟、情人、美容

我现在正喝着清新的绿茶，构思着关于烟的往事。妈的，如此健康的生活现状真与满脑袋的吞云吐雾不相匹配。就像那些战地记者，没有亲身经历，拍不出写实的照片。

不行，我有点坐立不安了，我急需一支烟来解围。关于烟，我并不像很多人那样有瘾。有时抽太浓的烟，我还会出现头晕、被呛到的症状。但，这并不妨碍我与它的暧昧关系。有的人，离不开它，是因为他们已经结拜为夫妻，相伴几十年，谁也甩不掉谁。而我与它，更像是一对若即若离的情人。我有时需要想起它、有时需要它来寻找刺激点燃自己。几天不见就迫不及待地与它约会，多数情况下，它不如想象般迷人，我因此会嫌弃它，还会埋怨自己不爱惜身体。但，来来往往无数，我就是忍不住。

早上醒来时，点一根，拖延五分钟的清醒时间；饭后来一支，帮助消化；接下来花样就多了，困时、饿时、烦时、想不出 idea 时，什么理由都上演了。有时，不得不投降，烟确实像包治百病，我们明知伤害身体，却一意孤行地把它当成最忠实的朋友。

它不会很忙，它不会出差，它不会有家庭琐事和责任烦着。只要你还活着，只要你身体还结实，只要你还有钱，即便你中意的牌子暂时缺货还有无数个 XX 牌子抢着顶替，随叫随到，这一点真有点像嫖娼。

烟，就是这样听话。它喜欢独处，更是人来疯。无论是三五朋友的聚会，还是几十个人的盛大 party，人越多，它玩得越 high。

烟，热爱交际。互不相识的两个人，一支烟就可以把他们归为同类，手中的烟是他们最起码的相似。

烟，可以使女人变聪明。吸烟女人，会陡增一丝神秘，它会使你没看上去那么简单。不论什么时候，无论在家里还是在酒吧，不管你是否寂寞，手拿一支烟的女人，总不会因无所事事而显得太呆板。

话说回来，很多人都会认为广告人吸烟就像演艺圈的人搞潜规则一样正常。不可否认，广告人会在灵感空虚时习惯叼根烟。广告人的吸烟区，就是休息室，广告人的吸烟时间就是难得的精神放风。但需要纠正，广告人绝不是因为做广告才学会吸烟的。相反，我认识的很多广告人都是因为做广告戒烟 or 减少了吸烟量。想想，也难怪，做广告的都是人精，他们知道广告已经是累死人不偿命的职业了，如果再没命地吸烟，恐怕与自杀无异。

再坏的人，也有好的一面。烟，也一样！我之所以把它塑造成一个好人形象，是因为到目前为止，除了几次喝多了、抽多了想吐外，它给我留下的都是呼

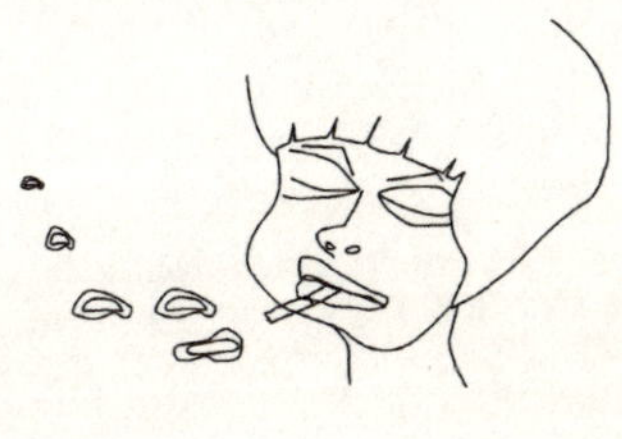

之即来，挥之即去，不离不弃的好印象。

也许，就像许多聪明的坏人一样，它总是善于伪装，赢得你的好感，培养你的依赖，直到有天，你真正离不开它。但，你要用广告人的头脑清醒地与它划清界线。烟与巧克力同样令人兴奋，但，贪多也同样有害身心。

人不可能永远借助“外援”来获取快乐，短暂快乐的背后，代价是蜡黄的脸和快要报废的肺，还有开着飞机向前奔的过气青春。因为，我是广告人，因为性别女，我没时间睡觉，没时间做面膜，没时间去锻炼身体。想来想去，除了少抽两根烟，我想不到最好的美容方式。

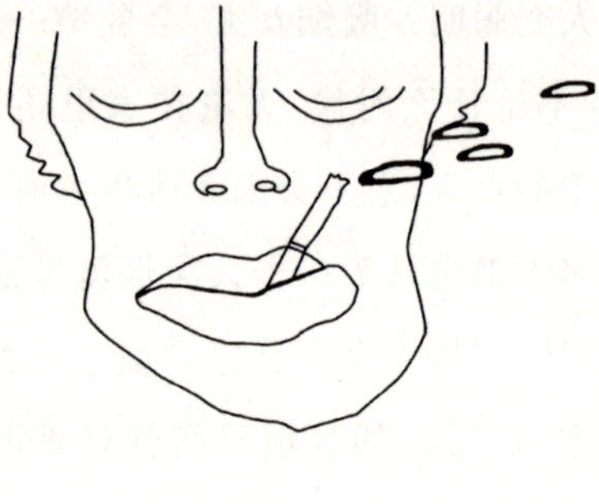

4A 如何积累优质人脉

人脉就是滚雪球!

滚雪球的时候,雪要够厚实,滚动的时候才不会松散,越滚越大。这与“人脉”的道理一样,有些人看似美丽的雪花,实则是又轻又薄的纸屑,经看不经用。要想人脉坚固,就要擅交人,交善人,互利互惠!

4A 人脉扩充途径:

如果你是刚进 4A 的职场新人,人脉数为 0,就要学会在 0 前面摆数字。以下是我几年 4A 下来,在积累人脉方面碰到的成功与失败。

一、4A 派对

适合对象:新人、爱热闹的老菜鸟

实用程度:三颗星

场所:酒吧

形式:自助餐饮

内容:

4A公司常常以行业老大自居，所以相对其他loco公司活动多一些，高调一些，如常常会组织、举办一些国外奖项、广告动态解析活动，时不时还会请一些国外大师、广告界的资深大佬举行讲座。

二、结交同事朋友的朋友

适合对象：任何人

实用程度：四颗星

场所：饭店、公司、吸烟室

形式：聊天

内容：

乘法原则，和朋友的朋友一起吃饭，加MSN，互留电话，慢慢变熟。

以此类推！

最后你发现，4A圈很小，每个名字都很耳熟，不是亲自认识就是从朋友的口中认识。

三、4A相亲大宴

适合对象：当日不加班的单身

实用程度：二颗星

无聊程度：五颗星

地点：饭店

形式：吃饭、聊天

内容：

4A人都不靠谱，都很乐观，都破罐破摔，导致众多单身。

于是，4A相亲大会应运而生。从另一个角度看，相亲大会也是

4A 人士扩充人脉的手段。

一次，我搭档急匆匆下班，急匆匆与我们告别，说有约会。下班时，我与同事一起闲逛，这时接到一个电话，其他 4A 公司的姐妹说约我们一起吃饭，还有一些 4A 的帅哥，顺便叫我赶去吃相亲餐。结果，人齐了一看，哇，搭档也在。我说嘛 4A 哪来什么新鲜的帅哥、美女，绕来绕去都是一个圈子，同事的同事，同事同事的同事，大家都认识。

是不是最不靠谱的一次 4A 相亲经历哈？

四、应聘：结缘知名 CD

适合对象：任何人

实用程度：四颗星

地点：办公室

形式：聊天

内容：

如果他是你一直仰慕的广告人，你入行时就听过他的名号，他的作品就是你学习的案例。而有一天，你突然接到这个人的面试电话，当下你又不准备跳槽，你会怎么办？此时的你，便没有了“志在必得”的面试心，你可以用一种交朋友的心情，轻松地聊天，顺便地取经。

其实再有名的 CD 也是普通人！他们也爱才、惜才，有亲善的一面。只要怀着平常心，你也可以和“神”成为朋友。当然，日后有什么工作机会，他也会关照你。

五、猎头

适用对象：任何人

实用程度：四颗星

地点：电话、邮件

形式：聊天

内容：

通常猎头找你时，都会约你简单地聊天。你要尽可能让他多了解你的优势。如果两个人比较聊得来，你就会与多个猎头做朋友。

六、MSN——网络朋友

适用对象：任何人

实用程度：四颗星

地点：网络

形式：聊天

内容：

有一些朋友没有见过面，互相加对方 MSN，然后传作品和简历，合则约见。即便条件没谈成，平时有一句没一句地聊两句，保持联系，慢慢也会变成朋友，互相通报资讯，互惠互利。

TIPS：

帮别人，就是帮自己。

要想维护住自己的圈子，就不能自利主义。

大家都明白知恩图报这个道理，所以遇到朋友失业，要在力所能及的情况下帮忙打探。如果朋友因此而有了好工作，也就是为你在新公司埋下机会的种子。

积累好人脉，还是要靠自身的素质。假如你是珍珠，埋在地底下，也依旧发光。赝品，即使经名家推荐，最终也难逃退货的命运。

结论：

在 4A 圈如何留下一个好名声？

1. 能力不能太烂（至关重要的招牌菜）；

2. 不三八，不大吹大擂（今天你说别人，明天别人说你）；

3. 不得罪老板（CD 的人脉一般多是 CD 级，也许就是你日后的老板，人言可畏，他无心说出一句你的不是，就顶一万个不是）；

4. 人品正（做人与做创意一样，需要单纯）。

CD众生相

林子大了，什么领导都有。

天哥——脸谱：红色，关羽脸

性格：忠诚、义气

他以CD之身份贿赂小兵，令人印象深刻。

创意指数：三颗星

领导指数：五颗星

总体评价：我顶！

T **哥——脸谱：花色，变色龙脸**

性格：变通、事故

T哥，让我又爱又恨。他极擅长变通，随时间、随季节、随对手、随老板心情。有时真搞不清哪一面才是他的真性情。他真诚地教你，却又留一手怕你赶超他；他用心提拔你，却永远无法兑现口头答应的支票;他称赞你的创意,又坚持自己差强人意的 idea。与他一起工作,压力会很大,他好像时刻在与你比试武艺,他是美术,却自认是神奇的全能,手上设计着美术,眼睛不闲着,上下飞舞盯着文案。他这个 CD 很敬业,一个 logo 要亲力亲为,一个标题也要亲自动手。就像高压锅原理,不是煮不熟,就是被高压煮烂倒掉。

如今,我仍然无法在心中给这位老板一个恰当的定位。

没有他,我不可能进步这么快。没有他,我不可能自信嫁入 4A 这个豪门。没有他,我不可能练就一身文字经。

但,我仍不认同他那种处处营造一种假和谐的表面功夫。不认同,他那些用来巩固地位的手段。不认同,他看似大方却时时提防的小心。

也许,正是因为他是老板,所以永远搞不清楚他心里想什么,他是谁,他心中你是谁?

CD 印象评分:

创意指数:四颗星

领导指数:四颗星

总体评价:路过

G 总——脸谱:黄色,金庸脸

性格:委婉、温善

G 总,与他一起合作,恰是他 50 岁生日该收山的时候。他乐观的心态使他永远笑脸相迎,使我永远不觉得有什么天大的事情能让他动容。他的性格就好像一碗水,不是刚烧开沸腾得烫口,不是冷冻过后冰爽透心,永远是在空气中晾了许久的凉白开,任何时候都不温不火,让你喝起来很舒服。

不论他提及当年做CD时多么眉飞色舞,但今时不同往日,他不是一个好的创意人,却是一个好的管理人。他那张永远不会动怒的脸,就是解决生意问题、解决公司员工冲突的最好方式。他有超乎寻常的钝感力和乐观态度。之所以对他印象深刻,因为,他擅于用人。就像刘备擅用诸葛亮一样。他可以抓住你的特点,表扬你的优点,让你甘心为其卖命。也许,这是老板感情投资的手段,就像一杯甜蜜的毒药,管它后果怎么样,起码可以过过嘴瘾,味道不错。

CD印象评分:

创意指数:一颗星

领导指数:五颗星

总体评价:路过

S总——脸谱:黑色,包公脸

性格:权威、一手遮天

S总,我广告生涯中第一个“名人老板”。我看过他的书,耳闻过他的雷厉风行。但,不管他从前角色如何,我最佩服他现在这副“老”样子。他的聪明占尽血统便宜——据传说,历史书上的某位名人是他的祖父。

他可以和我们一样通宵达旦,第二天提案时红光满面地嘲笑我们年轻人蜡黄的脸。他有超人的精力,更有超人的表现欲。他童心未泯,他最爱秀从世界各地淘来的好玩好用的便宜货。无非想显示一下他有多聪明,多有眼力。

老人就是小孩,他的样子很Q,很可爱,还故意时常撅嘴。有一次，因为一个错别字，他咆哮起来，我的眼泪掉在心里。临走时，他向我告别，说："故意想把你骂哭，你还真沉得住气。"从那以后，他对我的态度友善许多。虽然他脾气古怪让人捉摸不透，虽然他曾骂得我心不服，但比起传说中他对老朋友的义气，比起他这把年纪还在广告一线"抛妻弃子"地努力拼搏，比起他对广告那满面红光永不褪色的热情，心生两字：佩服！

CD印象评分：

创意指数：四颗星

领导指数：五颗星

总体评价：赞！

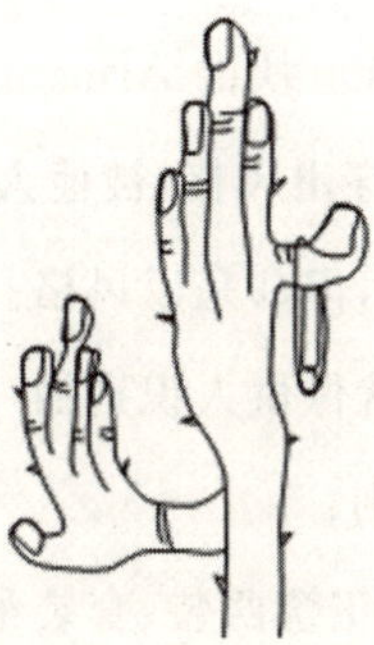

天下乌鸦一般黑

因为几年的4A经历，我也有过短暂的CD经历(loco公司)。也遭遇因为招不到好文案，急得直跺脚的情况。也有过对手下文案要求过高，导致对方压力过大，在试用期就梗儿了的时候。CD这把龙椅，必须够一定水准才能做得稳，否则会坐得高摔得响，搞不好还会被下面的人造反。

CD必须素质：

一、CD相

有人能把5000块的Armani穿成50块的折价路边货。有人一件普通T恤，也能穿出风格，被他人效仿。广告圈非常势利，虽不是一个以貌取人的行业，但却是以风格打量人的行业。几乎每个CD都有自己独特的风格，就像供人识别的一个品牌的logo。

CD穿衣法则：

1. 这辈子与正统西装、套装绝缘；

2. 穿，要得体，不能太中庸，也不能太花哨；

3. 长得好看，穿得要低调，长得丑，但穿得要有品位；

4. 见客户时，穿得比客户风尚，但不能比客户高档；

5. 整体着装总结：看你怎么休闲。

CD化妆法则：

1. 男人可以不像男人，女人可以不像女人，但女人不能太女人；

2. 创意部一定不能太女人味，不能太浓妆艳抹；

3. 阳盛阴衰的广告圈，竞争激烈的跑道上，女人穿裤子、球鞋当然比穿裙子跑得快；

4. 整体化妆趋势：知性、中性致胜。（针对女 CD）

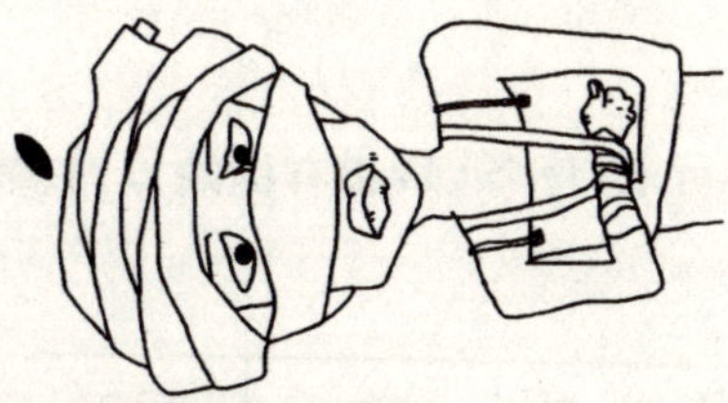

二、救急、救命的灵丹妙药

老板花大价钱请 CD，就是为了很多防不胜防的突发状况。

亲自上阵

棘手文案急要，手下文案请假，那么多眼睛看着，CD 的文案是否要更出挑呢？

比稿

整体的策略，需要浑厚的比稿经验以及最生猛的概念。同志们就等你一声令下，CD，你准备好了吗？

提案

每次提案，都像演讲，台下有众多异议者及粉丝，CD，你能不卑不亢，技开一枝花，让异议者闭嘴，让粉丝们狂欢吗？

三、群众爱你

人品好，人缘就好。

好 CD，给新人机会，因为他也是从新人开始的。

好 CD，给老板面子，因为他现在也是一些人的老板，了解老板的压力。

好CD,不推卸职任,因为他是老大。

好CD,资源共享,下面人专业提高了,老大担子也就轻了。

好CD,不关心办公室政治,因为,创意需要单纯。

好CD,与群众打成一片,不论扫地阿姨还是实习小朋友,都能有说有笑。

好CD,可遇不可求,每个CD都有优缺点,只要你忽略他的坏,满眼就全是他的好。

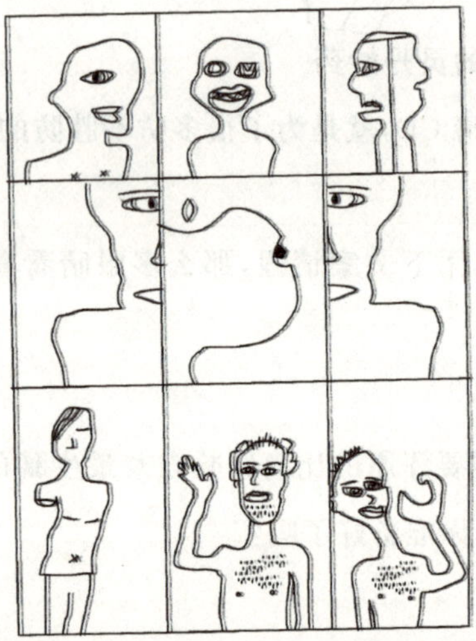

四、客户买单

人与人之间相处靠的就是一种眼缘,一种气场。

如果,某客户就是喜欢某CD的创意风格和腔调,那么逃不掉,注定可以大干一场。

如果,此CD没那么走运,那么,正是其手下发挥创意的好机会。如何讨客户欢心,如何讨消费者喜欢?帮CD让客户早点买单,就是帮自己早点晋级。

别让英文成为拦路虎

广告与英文就像钻石与项链。不管钻石多么夺目，都需要一根链子串起来。你从事广告创意，一个看似与英文完全无关的行业。但只要牵涉国际化，广告与英文就有着斩不断的千丝万缕的联系。

如果你的英文好，那么它将成为你职业前景的潜在附加值。如果你的英文烂，那么它也会毫不留情，成为你职业生涯的拦路虎。现在，就给你一个魔镜，提前看看未来英文给你设了几道坎。

4A:英文是你的翅膀

4A虽然不要求每个人英文好，但英文好肯定比别人多个机会。起码，不会看不懂公司英文E-mail，不会怕英文培训中被提问，不会错过最新外国资讯，不会看不懂更新最快的外文网站，不会不知道人家看最新获奖广告时为什么傻笑。

创意天堂:怎奈天堂是西方的天下

真正的国际化公司——拥有国际化创意，国际化语言，当然还有国际化的薪水。想进吗？这时你被安排面试，你与这家公司近在咫尺，你的创意与经验都与这家公司兼容，你口水直流，你跃跃欲试，那个完全不懂中文的老板向你 Say Hello，除了 Say Goodbye，你脑袋中反应不出第二句 English。天堂这扇门，还没真正敞开就以极快的速度为你关上了。

晋升 CD：英文不会让你干吃哑巴亏

你的老板是老外，你的客户是老外，你如何向老板 report，如何向客户提案？入行时间久了，你会发现有很多创意很烂英文很好的 CD，却很少有创意超棒英文很烂的 CD。因为，CD 是与外界沟通的桥，再好的创意也需要有很好的沟通。就像一个演员，非常有表演天赋，但却是个哑巴，是不是很可惜？

甲方外企(Inhorse)：别让英文断你后路

如果你慢慢对广告失望，or 厌倦了广告公司的疲劳作战，or 根本没了做广告的激情，那么，干脆考虑去做甲方，那里福利好，学有所用，工作稳定，还可以扬眉吐气再不用受客户的气。loco 的甲方你根本瞧不起，受不了那里何等土气，但到外企，你仍要面临同样的问题，你的英文好吗？你能读懂英文文件，和外国老板沟通，开英文会，写英文 E-mail 吗？在外企做甲方？如果你还没搞定英文，又不想继续做广告，出路还得继续找！

出国工作、出国培训——机会不属于不懂讲英文的！

英文不好＝与出国工作、培训绝缘＝将绝顶好机会拱手让人＝肠子悔青了！

TIPS：

介绍一种拯救懒人的懒招，你在心中默默祈祷：

愿来世——上帝保佑华文一统天下，让老外尝尝中文之苦。

愿来世——我是天才，横扫大奖，没有英文，也可以创意无阻。

但，已经活了二十几年的你，这辈子，不是天才；这辈子，英文还在大行其道；就算你等到八十岁那天，终于等到了中文成为世界官方语言，但你还有力气做广告吗？

结论：

还等什么？快把做白日梦的时间献出来，乖乖学英文吧！

无论什么时候，学英文都来得及！

如果你正在热恋，省出两个小时睡觉时间，练练用英文写情书。

如果你是运动达人，边跑步边听英文。

如果你爱看外国大片，将中文字幕关掉。

但，如果你什么都爱，就是不爱英文，你见英文就晕，见英文就困，见英文就想吐，见英文就犯羊角风。

那么，暂且去他的英文！

别让语言生锈

说起来容易，写起来难！如果把一生说过的话记录下来，每个人都是高产作家。

我们常常语出惊人，可要把它落实到写上，就会笔下生钝，吃力透顶。思维是一种惯性，对话的形式如同流水，可以形成任何形状。我们常常说得比想得快，脑袋里装什么，就向外倒什么，只凭记忆、影像去组装、重组。我们常常在滔滔不绝之后，不清楚自己到底说过什么。

将语言用一张 A4 纸形成文字，它可以立竿见影地呈现你的思维。不要怕写不好而不练习写作，语言就会越来越锈。

没有什么语言天才，就像没什么天生的好身材。人与人刚出世的时候，都是那么丁点大。我们站在同一起跑的舞台，别让懒惰这家伙得逞，别让我们驾驭文字的本能打水漂。

这是天生我材，这是看得见的思维，只要有头脑，就该动动笔了。

公益广告

有一天,突然很想念一个人,极度地思念,有一种想哭的冲动,但,很遗憾,再也见不到了。

不是他跑到外星球,与你距离太远;不是他刻意躲避你,delete 他的一切联系方式。

是,他永远在这个世界上消失了。

前年,他想见你的时候,你在哪? oh,那时你正在跟一个一见钟情的女生打成一片;去年,他想见你的时候,你在哪? 对了,那时,你正忙着一个很棘手的什么案子;半年前,他想见你的时候,你在哪? 好像,你正在和朋友们在酒吧狂欢;就在十几天前,他想见你的时候,你在哪? ……你总是没时间……

现在有时间了,可惜,他没时间了,他已经再也等不及了,永远地合上了双眼。再与他相见,就是在相片中,或是在小时候他给你讲故事哄你睡觉的回忆里。也就是说,你再也无法触他的手,亲口叫声"爷爷”。

要知道，和过世的人说道歉是没用的。孝顺老人，就是珍惜和他在一起的时间。

大话飞机稿

年轻时，人人都爱上飞机稿的狂想，为什么？

道理简单得像人人想当大明星。做飞机稿就是为了拿奖，拿奖就是为了升职加薪，升职加薪是为了能在广告圈立足，立足就可以呼风唤雨，呼风唤雨可以成名，成名就可以拿更多的奖，拿更多的奖，就可以加倍有名、加倍 title、加倍薪水！加倍有名、加倍 title、加倍薪水，是为了加倍做飞机稿。

飞机稿不是用来自慰的

如果有人拼命靠飞机稿来赚名声，却死鸭子嘴硬不承认，还一天到晚哭喊为梦想啊梦想，那么也不必与他交朋友，因为他虚伪至极。他可以用梦想掩盖他的虚荣，也可以用朋友这个名义向你借钱不还！

如果听说有人在飞机稿征途上无往不胜，身披 big idea 战袍，手捧 XX 奖、WW 奖，从 CD 跃至 GCD 最后稳登 ECD 宝座，这绝不是传说。这位大人物，也许正是你入行广告标榜的对象，也许是你日后在公司偶尔见到的空中飞人，也许是你叹为观止的 XX 全场大奖的原创。所以，你也想成为那样的广告人，横扫大奖，到处演讲，留名立传！就像人人想当演员，不是为演戏，而是成为大明星，你的梦想不是做有名的广告，而是做有名的广告人。所以，视飞机稿为梦想，就是在扯淡。

飞机稿歧途

王朔："生活本是一碗清水，时间久了就变成混汤了。"

飞机稿对广告人像是发挥想象力的实验场，充满轻松和乐趣。但不知从何时起，飞机稿却变成了较量广告人能力的试金石；变成广告人迫切通达梦想的唯一捷径；变成广告人工作之余的额外加班；变成上级纷咐下级的冒冷汗的最后通缉！导致很多广告人对飞机稿由爱转恨，于是，很多广告人把对飞机稿的不爽变成不屑。

正像李敖大叔对待失恋的办法：你仔细想想女人有什么好，掀开肚子里面不就是一堆肠子吗？最后，广告人对飞机稿的态度多半变成吃不到葡萄偏说葡萄酸。

飞机稿正如青春痘，错过就错过了

也许你错过了飞机稿拿奖的青春期，也许你流失了飞机稿勇夺金狮子的最后一缕希望。但要知道，做飞机稿不是为拿奖，做广告不是为成名。

它不过是你众多孩子中的捣蛋鬼，不过是你抛开客户部恼人的brief的最high的狂想，不过是不用市场调研的最新鲜的答案，不过是放在作品集里最吸引眼球的一个。它是处处谨防广告的世界中最后的好玩。

结论：

放弃飞机稿的功利心，飞机才能飞得又高又远。

广告人为什么不性感？

许舜英小姐曾尖锐地批评:“广告人”这个称呼最不性感。

广告＋人＝广告人,字面上理解的确生硬、不动听,粗糙,没有味道,根本不符擅长说另类语言的许小姐品位。但,就像一位厨师,每天对着一大堆调味料的目的是为顾客烹饪美食,但轮到自己吃饭时,可能就是简单的一碗清汤。

如果广告人这个名称不性感是几百年前的先天缺陷,那么广告人的形象不性感则是后天所为。

为什么广告人的身材一般都是梨形的?

广告人的工作一般都是粘在椅子上的,离开电脑,脑袋就无法开机。从早上十一点进公司到晚上十一点离开办公室,广告人与椅子打交道的时间比亲爹亲妈还长。坐久了,导致血液不流通,下肢瘫软,屁股肥大,几年下来,身材就成了梨形,绝对是性感的反面教材!

什么导致广告人久坐不动?

1.突如其来的工作单

本来中午要和同事乐呵呵吃饭,没想到半路杀出个程咬金,客户下午急要一个平面稿,没办法,只能叫难吃又没营养的盒饭,吃完饭,没有消化就要埋头苦干,肚子以下不胖才怪!

2.加班+虚胖+水肿

纳闷,为什么又加班,又不太吃饭,可就是不见瘦?肚子的肉就跟股票的牛市天天见涨,居高不下。

医生说:"不运动,身体毒素太多,血液不流通,是亚健康的明显症状。"

瘦身 TIPS:

1.思考不在座位,常拉搭档、同事出去走走聊聊天

广告公司一般活动地方比较大,有些公司开设有乒乓球桌、台球桌供大家脑袋、身体放松、娱乐。

2.多喝水、多上厕所

茶水间一般离座位比较远,多喝水不仅可以让身体补充水分,排出毒素,还会增加上厕所的次数,无形中增加了运动量,这就是很多 big idea 都是在马桶上产生的原因。

3.挤出时间,和同事出去吃饭

再忙也要和同事出去吃饭,聊天可以放松心情,也可以增进和同事的感情。

广告人为什么没有好脸色?

导致广告人脸色差的原因简单如下:工作多+休息少+狂吸烟。

美容 TIPS：

1. 工作无难事，只怕有心人。不想换工作，就要加快效率，别把青春全部浪费在工作上。

2. 尽可能睡

在车上、在午休时尽量打猫盹；

周末大睡特睡。

3. 只吸半根烟

法国一半女人吸烟，但她们懂得在吸一半的时候放下。

4. 穷开心

工作和你没仇。即便需要加班，也不必愁眉苦脸，况且科学证明，大笑一分钟等于运动 45 分钟，开心能加速血液循环，让人气色红润。

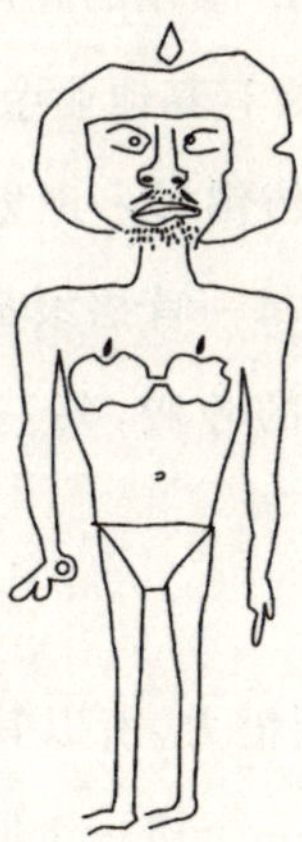

K歌，是社交还是狂欢？

看似很时髦、很时尚、很新潮的广告人，其实很土、很过时、很保守。这时你一定会用“小沈阳”惯用的腔调问：“为什么呢？”

广告人除了工作，几乎没有其他业余爱好。唯一能把广告人集结起来的共同爱好就是唱K，仿佛每一声鬼哭狼嚎都是一种呐喊，每一首情歌都是对伤心的追忆，每一首摇滚都藏着自己曾经的青春梦，每一首流行都是跟不上节奏的哼哼，每一首老歌都有着被淘汰的预兆……

K王、K后

广告人天生对美有种领悟力，所以其中不乏唱歌奇才，而这种奇才一旦沦为麦霸，尔后上演一个接一个明争暗斗的拼歌镜头，就让人提不起欣赏的劲头。

新势力VS老势力

会唱歌的年轻人一首接一首地翻着花样唱你从未听过的流行，不咋会唱歌的“元老”也会铿锵有力地将老歌新唱。从唱歌的新旧就能区分出年龄，是 70 年、80 后还是 90 后。

K 歌过度

工作忙坏了，频繁地“K”歌也忙坏了嗓子。K 歌一般由老大埋单。但这一年，新官上任，两个 GCD 太客气了，原本贫乏的 K 歌游戏，一轮接一轮变成你来我往的社交礼仪。

比稿赢了免不了“钱柜”；拿奖了，免不了“钱柜”；新拍了两个收成不错的 TVC，免不了“钱柜”；谁、谁、谁的 last day（离职前庆生的最后一天），免不了“钱柜”。

年底到了，节日多、节目多，“钱柜”几乎成了加班的场所，都 K 到这份上，我只能说：“营养吃多容易过剩，唱 K 多了，嗓子容易变哑，要看医生。”

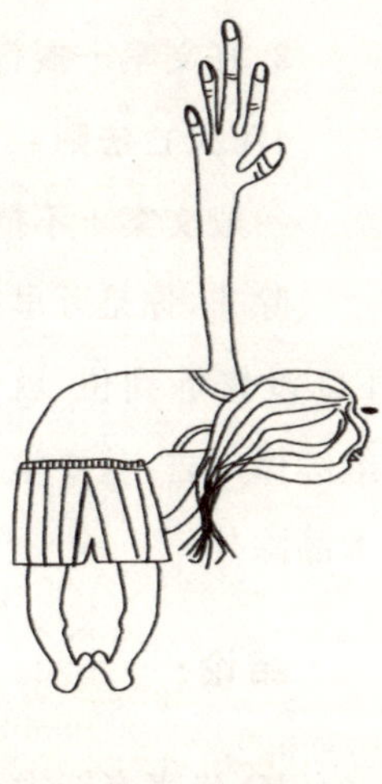

4A 潜规则

这是一个关于 EQ 的话题。老早老早以前，有本书叫《性格决定命运》。性格决定职业，当然也决定你适不适合做广告，决定你适合在 4A 还是在 loco。

4A 生存法则

1. 好文案＋不擅言＝一般文案＋见机行事

2. 好美指＋老实＝一般美指＋会拍马屁

3. 好文案＋擅言＝好美指＋会拍马屁＝ CD

4A 灭亡法则

一般文案＋不擅言＝一般美指＋不会拍马屁＝被炒

除非，你是万里挑一的天才，你生来就是把拿奖当饭吃的，否则，EQ 没修炼到位，就无法出位。广告人想要继续做广告，就要学会为自己做广告！（伪劣人品除外）

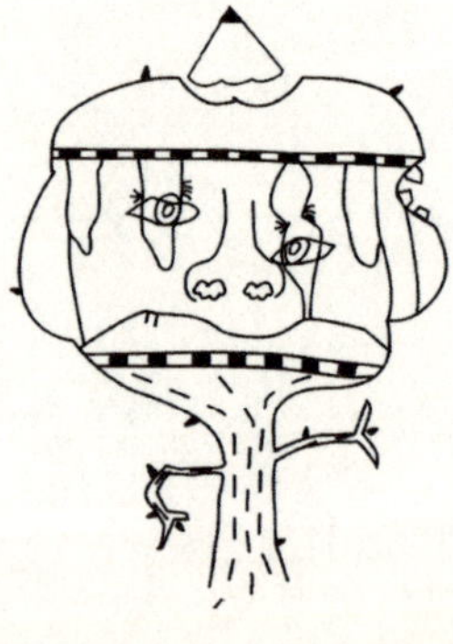

结论：

IQ 代表有能力，EQ 代表会混，适合 4A 的条件＝能力＋能混！

悄悄话，是女人间的木马病毒

女人之间如果不三八，可能就不知道聊什么打发时间了。女人天生把自己当做弱势群体，特感性，管不住自己的嘴，不仅说别人家的事，还说自己家的事。

女人与女人之间在公司的友谊比女人与男人的绯闻危险。不实绯闻不攻自破，而一些添油加醋的八卦，却无处查证。

广告圈小，广告人流动大，这家公司茶余饭后的八卦第二天就会传到另一家公司。况且现在流行资源共享，MSN 是办公室八卦最迅捷的传播方式。

如果你是个快嘴的女人，与其他快嘴女人靠交换情报来联络感情，总有一天，你也会成为八卦的主角。而女人与女人之间基本是一锤子买卖。因为彼此知道太多秘密，所以，多数女人都被女同胞出卖过，or 被最好的女朋友抢过男朋友，or 被最好的女朋友背地里说过坏话。人家又没逼你说，你打死也不说，她凭什么出卖你？还不是你兴奋的时候把自己的秘密说出去的。你每天都恨不得把热恋的每个细节向最好的女朋友炫耀。男朋友如何对你好，如何追求你，如何为你选花、送礼物。试问这样的男朋友，哪个女人不动心？

你把被男朋友追求的细节跟自己最好的朋友分享，不曾想，对方却起了贼心，偷走了你的男朋友。你得意地将高薪泄露，为让她高看你，羡慕你，不曾想却搬起石头砸了自己的脚。

女人感性，相信直觉，被伤害过的女人容易从其他女人身上看到敌人。伤害别人的女人，从其他女人身上，看到了自己。

TIPS：

聪明的女人：多做事，少三八！

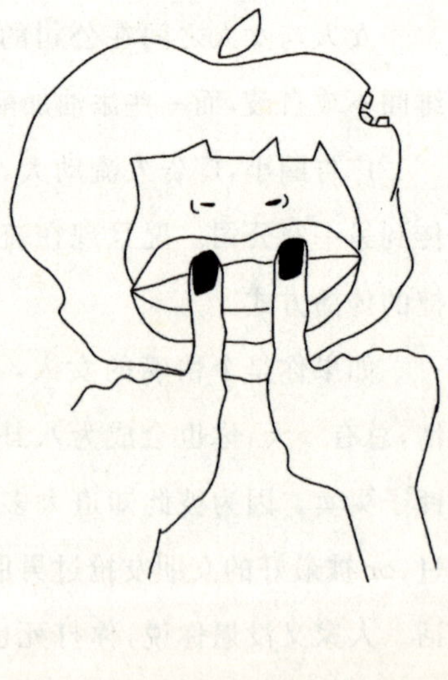

人红的定义？

这里指的人红，不一定是CD，也不一定是多么有名气，某种意义上是一种保障。人红，才能确保你在经济危机时不被炒掉，确保你永远是活跃各大4A舞台不可或缺的配角，确保你是老板思维缺氧时的氧气筒，确保你拿一份最绝密的薪水，确保你在老大面前是菜鸟，在菜鸟面前是老大。

人红的特性：

1. 长得养眼，至少看得顺眼（老板爱面子）

2. 性格投其所好（具体看老板张扬还是低调）

3. 贤内助（老板不在，有你他就放心）

4. 能力出位（至红关键）

人红的迹象：

老板常常找你一起吃饭，老板愿意和你开玩笑，老板主动关心你。一般，CD级人物都与CD级人物一起吃饭，但如果你很红，你就享有常常被老板叫去一起吃饭，私下经常拉你出去谈心的特权。如果你慢慢跃居老板的心腹，就相当于拥有一张免死金牌。他怕你跳槽，为你加薪，怕你落跑，口口声声称你为CD继承人。

作品让你红

如果你有幸跟一位有名的CD，他爱好飞机稿，你有超棒的执行或想idea能力，那么，就像中了头彩，你真幸运！很多广告人，有天赋，有能力，就输在缺少这么一点点的运气。这一年，你的作品集中闪出一道道“XX”奖的金光、银光，甚至你不用说话，不用表情，那个title，那个加密的薪水，就跑过来把你挖走了。作品让你红，你不红也得红。

自封的红、炒作的红

广告人都有个职业病，就是特能吹。不仅为产品吹，还为自己吹。真作假时假亦真，所以有点能力又敢吹的人，就真有可能在价钱上比别人卖得好。

网络蹿红

有一些人，你从来没见过真人，也不知道他长啥样，但大家都知道他。他经常散布一些自己公司的内部八卦，他经常更新博客、曝光另类私生活……

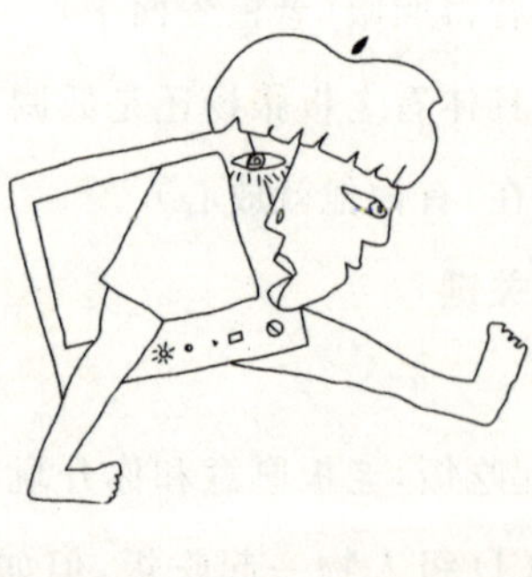

谁偷走了你的时间？

Option 1：**当时间属于你时，如何花时间？**

当你没工作、没男友、没自己房子的时候，你会感觉整个人空虚得只剩时间。时间像是你的第二个影子，从来不会弃你不顾，会分分秒秒陪伴你。有时候你还嫌"时间"太粘人、太沉闷，你用睡觉、看电视、看碟片、逛街、看杂志、发呆等等一切手段赶它走。但"时间"就是认定你、赖着你、宠着你，那时你正年轻，有的是时间，可以浪费。

"时间"，就这样陪你，一分钟，两分钟，一个小时，两个小时，一天，两天，一年，两年地晃过去了。这时，一切都在增长，时间、年龄、皱纹，但你的心却停止成长。你的心还是原来那么大，那么平淡，那么空。你做的事情很多，却什么也不记得。不记得每天睡到几点钟起床，不记得看过什么有意思的碟片、不记得今年流行什么，不记得下一步要做什么。

人的一生时间最多、最自由的时候，就是大学时期和退休后。大学时期的时间就像一下子赚了五百万的暴发户，不知道钱多了怎么花。退休的人就如同尝尽人间百味的美食家，不知道下一餐该吃什么。

而我们现在正年轻，如果一下子把时间挥霍掉，失去的又何止是时间？

TIPS：

用心亲近时间

让时间与语言相处，英文随时间进步；

让时间与书相处，时间扩大黄金屋；

让时间与睡眠相处，时间赶跑失眠；

让时间与微笑相处，时间就是美容。

当有一天，时间慢慢变成你的一股能量，与你融为一体，你没时间去感觉时间的存在时，你就成功了。

Option2：当时间不属于你，如何抢时间？

时间属于你的工作，属于你的男朋友，属于想看的电影，属于逛街，但是就是不属于你！

你的时间去哪了？加班到十二点，哪有时间泡热水澡？和男朋友一天到晚粘在一起，哪有时间看书？和朋友们逛街，哪有时间关注街上风景？没时间与自己在一起的人，是没有回忆的，因为根本没时间回忆。

哎呀，原来活了一辈子到头来都在为别人活着。

TIPS：

人如果不到生命的最后一秒，都是有时间的。

所以，不要把时间安排太满，留一些时间去思考、去总结、去想象。

跳槽是非

关于跳槽的话题，众说纷纭。有的人一年跳几次槽，有的人一家公司待几年，有的人越跳越成瘾，平步青云，有的人稳扎稳打安居乐业。

跳槽的频率的确与一个人的性格有关，假如你是一个完美主义者，你的确不会安分地待在一个在软件和硬件都不与你标配的公司，你的确不能将就一个不如你却处处刁难你的老板，你的确不能忍受一些平庸乏味的同事。这间公司让你看着不顺眼，待着不舒服，上班想着下班，下班不想再上班的话，你的确该跳了。

假如，你是一个低调且逆来顺受型的人，一切的问题在你眼里都将不成问题。因为你知道，不同公司存在不同的问题，待惯了一间公司，新鲜感渐渐被习惯取代，习惯公司老板的责骂，习惯同事一个一个新面孔变老面孔，老面孔变新面孔，习惯享受每天负责打扫的阿姨为老员工预留一瓶可乐的便利，习惯公司一年两次旅游，习惯享受老员工比新员工多几天长假，习惯年底稳拿双薪的福利，习惯呼吸周围一成不变的空气。那么，这些年累积的习惯足以将一个资浅菜鸟变成一个资深老油条。因为，你知道很多不为人知的秘密。你知道在办公室吸烟如何不被逮到；你知道老板有糖尿病，所以备好无糖口香糖……

你被这些惯性深深地粘住，动弹不得！不是因为多么享受，而是因为适应过度。就像落在身体上的灰尘，几年不洗澡就会变成皮肤的一部分；就像丢进狼洞的婴儿，长大就成了狼人；就像做惯了宅男、宅女再不愿出门。这样的你，不会迅速成为广告界红人，却很快会沦为广告界老人。

在这里，不是鼓励跳槽，也不是讽刺跳槽。跳槽不跳槽，就像离婚不离婚，一切因人而异，因时机而异，因不同状况而异。

跳槽，只有选择，没有对错。

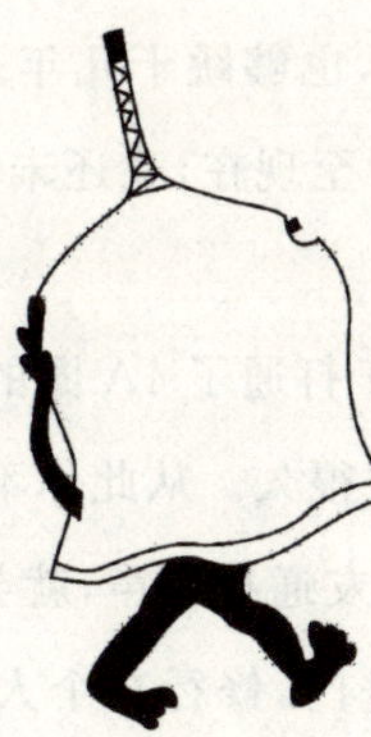

下一站跳槽

物极必反！自出道起，的确吃过不少跳槽的甜头，但就像谈恋爱，恋爱多了，就变得麻木。

从第一家4A起，我就为自己的跳槽生涯算过一笔帐。在上海4A有十几家，就算一年跳一家，也够跳十几年。但，不知道是过于乐观，还是年纪大了经不起折腾。至现在，我还未找到一间适合的公司以身相许。

进一间4A公司，相当于打通了4A圈的大门，也就是说如果你干得不赖，4A这口饭你可以吃很久。从此你不必靠简历找工作，只要和混在各大4A公司的卧底朋友通报一声，就会有工作机会找你。当然，这只是一个捷径。师傅领进门，修行在个人，你必须准备一些非行货的作品，这才是找到满意工作的重中之重。于是，和第一间4A公司88后，我很快就跳到另一间公司。快得就像呼吸的上气换下气般。

第一站:你的跳槽夹生了吗?

会赚钱,才会花钱。广告人的收入相对其他行业不菲,但年轻人的通病就是享受生活,所以,为了支付高消费,就必须选择更高收入的工作。而跳槽无疑是一种最快捷的手段。

当薪水与职位都上升一截时,你很容易被这种虚荣诱惑而跳槽。这间公司,是我经历的另一间 4A,客户导向。客户强就意味创意弱。更何况,我服务的客户是要求非常严格的化妆品。对女人来讲,做化妆品并不难,因为女人每天用化妆品来美化自己,很有 insight。但,深入其中,就知道有多不好玩了。公司不好玩,客户不好玩,老板不好玩,一切都不好玩。我从进这间广告公司的第一天,就怀疑是跑去甲方做事。因为我每天都在和一些像甲方的人做同事,每天对着十几个 brief 反反复复地想几十个极致、再极致的命名,每天要为这个 global 客户的 TVC 做最 boring 的中文翻译。

哇,这间著名的 4A 果然以“客户”导向著名,其著名的程度简直超乎忍耐。在这里,体会不到什么叫创意、什么叫创意人,体会最深的就是有限的时间,似乎永远为客户无限的不埋单而延长。

当这种感觉让你感觉工作度日如年的时候,当你有意向周围朋友打探有无更好工作机会的时候,就该跳槽了。就好比和一个绅士谈恋爱,和他在一起时,发觉不再为餐前他替你拉椅子的举止感动,发觉和他在一起常常溜号,怀念前男友的幽默、傻笑的时候,就证明不爱了,就该 88 了。

跳槽,本身就有一种风险,也难免会夹生。

第二站:与4A中的贵族闪婚闪离

4A相当于广告公司中的贵族,"J"——相当于4A中的贵族。

"J"是传说中最适合养老的公司,传说中福利最好的公司,传说中人员流动最小的公司,传说中拿奖最多的公司,传说中老板薪水最高的公司,传说中一年有两次旅行的公司,传说中中饭补贴最高的公司,传说中最难进的公司。

"J"以名气大,福利好、低调闻名。这些镶了钻石的硬件条件更增加了它的神秘色彩,大家猜测"J"超难进,是因为公司福利太好,在里面待的人都赖着不肯走,导致外面人进不去,更很少有人员流动的消息。"J"是人人想进的顶尖4A,从"J"出来的人也会牛气哄哄、身价倍涨。

应聘就是心态的较量。如何嫁给有钱人的秘诀,就是别把钱当回事,不要让他以为你贪图他的钱。如何应聘一家人人抢破头要挤进的4A,同理!不要让他以为是他选你,要以无所谓反正"我很NB"的姿态,让他感觉失去你就是他的损失。当然,你要拿出足以让他信服的作品。或者你拿过奖,或者你的文字很棒。

的确我比一般人幸运,在朋友的引见下,这一站——4A中的贵族"J"——又被我轻松过关斩将,并创下4A圈同title中最高薪水的纪录。

但看似完美的邂逅,其实是个错误,不是遇错了人,而是碰错了时间。那段时间,是我心情最暗淡的时候,看什么都不过如此,这不是"J"公司的错,完全是我状态不佳。

我从来就不是苟且偷生、得过且过的人,否则,我根本就不会去冒险,不会栽跟头,不会看自己不顺眼,不会在自己 idea 狰狞时 fair 我自己。

结论:

两年时间里,与一家 4A 公司正经地谈了次恋爱,与两家 4A 短暂地邂逅。在这三家人人挤破头想进的公司工作,最好玩的就是,与同事八卦,从他们嘴里得知几乎所有 4A 的内幕。

XX 说:"这个公司我待过,不能去,老板人品很差。"

WW 说:"这个公司不能去,人事部新来个总监,能用规矩把你捆起来。"

NN 说:"这个公司不能去,我原来同事刚跑路,说那根本没创意。"

MM 说:"这个公司不能去,大佬斗来斗去,搞政治胜过搞创意。"

经他们一说,我经历过的三家公司,在圈中口碑算最不错了,其他公司经八卦排除法,好的竟一个不剩。

天啊!下一站跳槽,我准备好了,可往哪跳啊?这就好比没有高楼、没有大海、没有一切自杀工具,你身处平地,想自杀都没地方跳。太尴尬了!

TIPS:

如果,在求职的路上你接二连三地失败,甚至被别人怀疑、嘲讽,这时你是否怀疑自己不是块料？

现实与当初的设想背道而驰，本来心高气傲的广告天才在成长的道路上竟变成了脚下杂草？

你认输吗？也许，认输会让你好过点，不必面对失败。也许，转行是给自己重新定位的机会。但，人生的道路上，只有自己才是自己的裁判。

想想那些演员，有几个是一夜成名的？有多少演员经历过无数做配角的历练后才凭演技翻身，又有多少演员在搞砸无数剧本后才由原来的票房杀手，最终搞定影后、影帝？不是那些导演、编剧帮助他们，是因为他们从来没有放弃过自己。就像阿尔·帕西诺，如果因为五短身材，因为搞砸了一两部戏，因为大家对他失望透顶而放弃演员之路，就没有了让我们一饱眼福的影帝，没有了《闻香识女人》。

可怕的假想

现在是视觉时代！

谁说的？

试想一下电视剧如果没了对白，

试想全球人突然被封住嘴巴，

试想国与国之间没有翻译，

试想一则广告只见汽车和美女，

试想小孩不能叫“妈妈”，

试想恋人们不能互说“我爱你”，

试想踩别人一脚无法说出“对不起”，

你就知道文案的重要了……

像许舜英是不是一种赞美？

如果，你是个女人，你愿意有人说你像林青霞，还是愿意有人说你像张艾嘉？

对自己的长相，你如何评价？自己判断，有如自家亲戚做裁判，有失公正，从别人嘴里得知自己的模样，更不知道别人心里卖得什么药，也许是品位有问题，也许是故意刁难，也许是出于妒忌，也许是纯粹出于恭维的客套话。

如果，见过你的人十有八九都这样说，你像张爱玲，你像许舜英！听了这样的评价，你该气呢，还是该庆幸？她们都是名人，都上了年纪，但都不是美女！

你的长相就此有了答案，你长相知性、成熟，但不是美女，也就是说二十几岁便有了三十几岁的宿命。为了摆脱这种早熟，你做足了准备装嫩，摘下眼镜，剪个 BOBO 头，将黑色“丧夫服”打入冷宫，换身调皮的休闲装。

这般折腾就相当于整容吗?

我不是张爱玲,也不是许舜英!不是一个手捧“知性”招摇过市的空壳!我就是我,即便你现在说我像张曼玉,也是一种讽刺,要知道,章子怡要付出多少演技才摆脱了像极巩俐的阴影。

友谊的保质期?

上大学时,常听一些老生常谈:“工作后再也找不到上学时那种纯粹的友谊了。”工作后,怀着一种不相信、不绝对的信念想推翻那些“老家伙”“交不到朋友”的丧气话,结果呢?

第一间公司

1)文案与文案的友谊

人物介绍:

A君

职业:文案。

性格:人品好,有点古时不得志秀才气质,孤傲,能写一手好文章。

背景:出身贫寒,高考作文满分,大学中途勇敢辍学,广告是职业,不是事业。

毛病:一出笔就打不住,擅长长篇大论。

地理位置:我的前座。

如何开始：

近水楼台先得月：就像上学时，邻近的男女最容易变成好朋友 or 早恋，因为占尽天时地利，没事就找话说，容易日久生情。

如何打成一片：

我们同时进公司，同是文案，同一个组，就容易站在同一战线。他比较老实，我比较开朗。进公司时，公司业务不多，我们的话就开始变多，我得知他写文章好，自然有一种想学习的想法。没事就一起吃饭，天南地北地聊，久而久之就变成无话不谈的好朋友。

文案与文案最聊得来，一是互相吸收氧份，二是互补不足。我们是两种路线的文案，正如现在划分文案的两个代表，两个极端。

他：横向思维，思维逻辑性强，文字功底扎实。内文比标题漂亮。

我：纵向思维，思维跳跃，想象力丰富，最怕写内文。标题比内文漂亮。

2)文案与 art 的友谊

B 君

职业：AD(美指)

性格：人品正直，为人胆小，永远的老黄牛，永远的谦逊，永远的不迟到，永远低调。

背景：出身贫寒，有才气，定位不清，广告是职业，也是混口饭吃的事业。

毛病：不自信，有时奇思异想却被低调的性格深深埋藏。

地理位置：隔一条过道。

如何开始：

因为地形原因，关系一直不是特别熟。但他是CD的红人，人缘很好，是公司的老员工。一次，一起去CD家玩的时候，关系开始有进展，才发现平时木讷的他是个特为别人着想的人。慢慢开始和他搭档想一些创意，话题也越来越多。

如何打成一片：

他，是在你心情不好的时候给递一包巧克力还会跑腿为你买烟的人。

他，是话不多但可以告诉你一些善意的忠告的人。

他，是可以加班到凌晨送你回家，可以陪你一起想创意，可以一直默默支持你的人。

他，是不要求回报的人。

A君 VS B君

时间可以测出一段友谊的真假，也可以测出一段友谊的浓度。与A君的友谊，就像一杯越泡越淡的茶，最后变成了白开水。就像每段人去楼空的友谊一样，这段友谊的保质期，就是我们前后桌的日子。与B君的友谊，即便我们不在一个城市，三四年没见面，但这份友谊也没有随时间变味。

A、B君下落：均安分地呆在loco公司，均享有不上不下的工资，均结婚无子。

第二间公司

文案与AE的友谊

友谊，可以包容对方很多的缺点，包括一粒沙子。但我们之间存在的问题是，这粒沙子太大了，长期存在眼中，会看人看走眼，还会致盲。

她,年龄:不详,(因为她自称我小一岁,身份证上显示比我大一岁)

弱点:天生矮、后天胖

毛病:撒谎

性格:因为她撒谎,现在也搞不清她的真面目

如何开始:

一个公司里,如果没有好朋友,日子是很难混的。创意部与客户部纷争是常有的事,对于创意部来讲,客户部就是监工,催命鬼。

和她也是不打不相识,我一向自命清高,在我的眼里,她不过是矮冬瓜小 AE,(对不起,这样想你)常常不满意她冒失的工作方式向她大发雷霆,可奇怪的是,她脾气竟超好地顺从,让我不禁对她心生惭愧。那时我在公司比较红,工作也得到客户和老板的称赞,而她,就像我身边的小跟班,常常帮我干些跑腿的活。于是,慢慢我开始转变对她的态度,常常说些心里话,也被她表现出来的善解人意感动。

如何打成一片:

我们从敌对关系,变成亲密战友,再变成最佳搭档。客户在杭州,我们常常一起出差,有她的场合,一定有我,有我的地方就会找到她。我们常常一起加班,一起讨论 idea,也常常,下班后逛街、聊天。

我们有很多时间在一起,一起办信用卡,一起把信用卡刷爆,一起把对方变成购物狂,一起买新衣服在客户的会议上一高一矮出席,一起参加朋友无聊的 party。

这是刚来上海的第一年,这是被虚荣打败的一年。也许,她有一千个理由离开我,因为我自私、冷漠。而,离开她,只需要一个理由,她的欺骗。这是一个人品问题,朋友间可以存在善意的谎言。但,她的

谎言，真假难辨，我甚至不知道我们的友谊是否也是假的。于是，我把她的谎言，当作一种无能的自我保护。她太渴望上位，只是她的心机让人感觉可怕，这样的心机就像港片里靠动歪脑子来稳住地位的人，最终毁了自己的才能。

TIPS：

真亦假时，假亦假。

友谊如老酒，掺假就变成甲醇了。欺骗会哄来友谊，也会杀死友谊。

第三间公司

与一票人的友谊

所谓交朋友越多，水分越多。有时一大票朋友加一起还不如一个朋友顶用。在4A公司，尤其是这样。他们是和你一起吃饭的朋友，一起加班找乐的朋友，一起在抽烟室里胡吹牛的朋友，一起唱K飙到凌晨的朋友，一起跷班打台球的朋友，一起在饭桌上吐口水说老板不是的朋友。唯独，不是电话薄里半夜想聊天的朋友，不是失业后可以伸手借钱的朋友，不是可以互相介绍工作的朋友。因为，一切都是AA制，平时胡扯多了，关键时都不靠谱了。身在4A圈，大家知道太多丑事，太了解对方，太想看对方出洋相，也不大乐意再做同事。所以，当有工作机会时每个人先紧着自己，等实在想卖个人情时都是一些不抢手、不大灵的工作。

4A圈是个比较势力，攀比的圈子。人们在制造欲望时，自己也掉进了欲望的陷阱，被想idea的压力，被老板的的喜怒无常，被八卦、绯闻、被乱七八糟的玩笑折腾得半死。有跳槽的机会，永远是下次再想起你。

评论：

友谊是阶段性的，这是小时候听老爸说过最精辟的话。

老爸开公司有钱时，有一大票跟着吃吃喝喝的朋友，其中赵叔和爸关系最好，因为公司有业务往来；

老爸转业去学校当支书时，和王叔最好，因为王叔是校长；

老爸失业下岗时，和一群无所事事打麻将的朋友关系最好，因为可以打发时间。

阶段性的友谊，就像年华一样，过去就过去了。

结论：

友谊的保质期多长？

在一个公司的同事，友谊的保质期就由你们共事的时间决定。如果，无利益牵扯，无论你们在不在一个城市，在不在一间公司共事，无论多久没见，他仍能常想起你，常关心你，会在过年时给你一通电话。

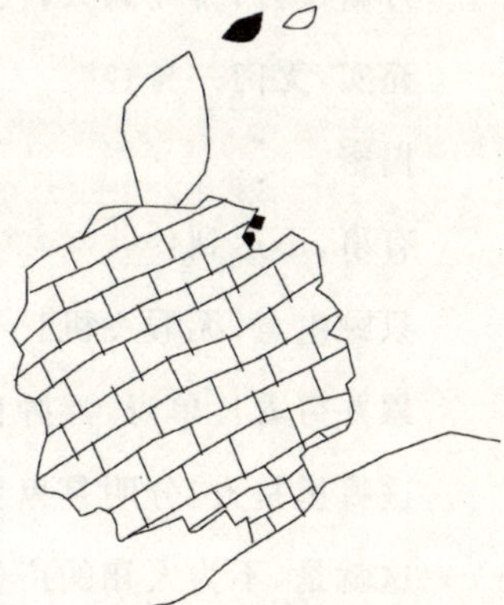

恭喜你，碰到这份友谊如寻到一瓶上好的红酒，纯度、品位都够延年益寿，不受保质期约束。

真　相

你眼中的广告人是什么样？

太阳不照到屁股不起床，钟不敲到十二点不下班？

飞机稿专业户，金狮、银狮，横扫坎城？

月薪过万，绯闻满天转？

充实，无肉一身轻？

揭密：

有事，不迟到！

只顾生意，无暇飞机！

累并穷着！单身、浮肿！

这哪里是人，分明是鬼！

这就是，不为人知的广告人真相。

就像你不知道，幕前光鲜亮丽的超级明星，为出名卖身。

就像看上去的幸福家庭，关上门打架。

广告之所以被神话，因为你看过太多如《奥格威谈广告》的励志书。

广告之所以不被你了解，因为它本身就是广告。

如果，你初生牛犊不怕虎，就准备好用天才的脑袋去干一份“非人类”的广告工作吧！

梦想呼叫转移

小时候的梦想——当博士，是为了骗姥姥手上的几块糖。

中学时的梦想——经商，纯粹是受电视里那些暴发户的影响。

如果说当博士太不靠谱，那么，经商，我的确天赋十足。从小，我就知道倒卖二手货，买来新奇的铅笔、尺子、橡皮，过了新鲜劲儿都会以二手货的最高价转卖给妹妹，而且每每得手后，都会让妹妹欣喜若狂得感觉捡了个宝贝。

正当我以为自己会义无反顾地走上女商人发家致富的道路时，老爸对我下了通缉令：崔氏家族，一定要诞生一个大学生。老爸"学习致富"的未来理念一下推翻了国家领导人那个"勤劳致富"的传统，现在想想还真酷！

高三那一年，在老爸的勒令下我被强制学习，每天背着厚重的书包，不能看电视剧，只能看短短五分钟的插播广告。如果说那一年铺天盖地的广告奇迹般地拯救了一些企业，那么无心插柳柳成荫，我也被神奇地拯救了。

看似纸上画着“X＋Y”，其实心里在打着另一出算盘：几十秒的广告，这么差的创意，竟然有这么强烈的效果。于是，渐渐开始不务正业起来，每天在纸纸、本本上都画着我的想象。要么，今天发明一句广告词，要么，今天穿着裤子套裙子。不知是命运安排还是歪打正着，本来全无艺术天分的我，却意外地与艺术混搭。从此，我开始有了自己真正的梦想——做一名中国最优秀的广告人！

不知道是命运要我，还是在考验我的诚意，一度，我与梦想靠得很近，我进了上海滩最有名的4A，与最有名的CD合作，但每次机遇都一见钟情地与我招手，却因为性情不合，又调头弃我而去。

是我没准备好，还是我太游戏？这时，文字像我的梦想宣言，一个字，一个苦、一个乐地追忆、忏悔，不知不觉地写成书稿。

过年时，恨铁不成钢的老爸，本来想大吼我一年来他所不理解的离经叛道：为什么总是恋爱无果，为什么总是一个工作换另一个工作，为什么和家人话那么少？我也不知道为什么，我怎么给他答案呢？

老爸，一夜未合眼，看了我的书稿，眼睛肿了，心笑了，我终于可以逃离逼问，可我自己还是没有答案，似乎，我的梦想随着书稿的即将告终而转换，残酷地像两个发誓爱一辈子的恋人，不是移情别恋，只是太久了，爱情氧化了，这种变化，稍不留神就被误会为过了保质期的爱情快消品，孰不知，唯有沉淀才能升华。

但，无论多少挫折，人人都向往爱情，正如《恋爱中的犀牛》中最经典的一

句话:“人是可以以二氧化碳为生的,只要有爱情!”

我顶!

我爱文字!

我爱恋爱!

我爱梦想!

爱情是我的灵魂,文字是我的语言,梦想是我的血液,只要我生!

广告遗言

Dear all：

非亲非故的我，要像临终遗言一样把有限的经验告诉你们！

写够猛的文案很简单，多读书，读大量的书！很多有名的广告语，其实都源自书中的一两句经典。

许舜英《中兴百货》“三天不购物，面目可憎”出自“三天不读书，面目可憎”。甲壳虫广告语“Ugly is only skin-deep”（丑陋不过是外表的），套用了谚语：“Beauty is only skin-deep”（美貌不过是外表的）。

别误会，不是让你抄袭，好语言是好书的一部分。

你喜欢村上春树吗？

村上春树在走出校门后几乎从未提笔，刚开始写时异常吃力。唯一鼓励村上的是菲茨杰拉德的话：“如想叙述与人不同的东西，就要使用与人不同的语言。”他自信到四十岁时肯定写出像样的东西来。

在形成自己的文字风格以前，一定慎选书，多读书。好书，不仅给你语言新生，更让你的人生多活一次。

好了，时间不多了，就说这么多，能干好广告的人，就能干好任何工作。

因为，广告是任何行业，无所不括。

后 记

如今，

我又完好无损地坐在宽敞的 office 里想下一个 idea，

如今，

LV、GUCCI 已变成了一大堆破衣裳和白马雪山小学的半个篮球场，

如今，

爸妈眼中的叛逆女已然变成一个会研究菜谱的乖姑娘，

如今，

心中的小太阳正悄悄照亮下一秒的世界……

未来会怎样？你一定知道！

因为，现在很好。

图书在版编目（CIP）数据

别被office干掉 / 崔晶著．—桂林：广西师范大学出版社，2009.9
（OFFICE书系）
ISBN 978-7-5633-8975-9

Ⅰ．别… Ⅱ．崔… Ⅲ．成功心理学—通俗读物
Ⅳ．B848.4-49

中国版本图书馆CIP数据核字（2009）第143924号

广西师范大学出版社出版发行
（广西桂林市中华路22号 邮政编码：541001
网址：http://www.bbtpress.com）
出版人：何林夏
全国新华书店经销
广西师范大学印刷厂印刷
（广西桂林市临桂县金山路168号 邮政编码：541100）
开本：880 mm × 1 240 mm 1/32
印张：7.5 字数：106千字
2009年9月第1版 2009年9月第1次印刷
定价：24.00元